ATLAS DO MUNDO GLOBAL

Pascal Boniface
Hubert Védrine

Cartografia
Jean-Pierre Magnier

Estação Liberdade

CIP-BRASIL. CATALOGAÇÃO-NA-FONTE
SINDICATO NACIONAL DOS EDITORES DE LIVROS, RJ

B698a

Boniface, Pascal, 1956-
  Atlas do mundo global / Pascal Boniface, Hubert Védrine ; cartografia Jean-Pierre Magnier ; [tradução Graziela Marcolin]. - São Paulo : Estação Liberdade, 2009.
  mapas color.

  Tradução de: Atlas du monde global
  ISBN 978-85-7448-158-6

  1. Geografia política - Atlas. 2. Política internacional - Atlas. 3. Geopolítica - Atlas. I. Védrine, Hubert, 1947-. II. Magnier, Jean-Pierre. III. Título.

09-1602.   CDD: 911
                                            CDU: 911.3:32

ESTA OBRA FOI EDITADA CONFORME O NOVO
ACORDO ORTOGRÁFICO DA LÍNGUA PORTUGUESA

Título original: *Atlas du monde global*
Copyright © Armand Colin, Fayard, Paris, 2008
          © Editora Estação Liberdade Ltda., 2009, para esta tradução

Tradução Graziela Marcolin
Revisão de texto Leandro Rodrigues e Eliane Santoro
Revisão de tradução Angel Bojadsen
Composição Johannes C. Bergmann
Produção Edilberto F. Verza

Todos os direitos reservados à
Editora Estação Liberdade Ltda.
Rua Dona Elisa, 116 | 01155-030 | São Paulo-SP
Tel.: (11) 3661 2881 | Fax: (11) 3825 4239
editora@estacaoliberdade.com.br
www.estacaoliberdade.com.br

Mapas: Jean-Pierre Magnier
Concepção do projeto gráfico: Yves Tremblay
Composição original: Yves Tremblay
Assistentes de pesquisa: Jérémie Lopez e Éléonore Tantardini

Vários mapas foram elaborados tendo como referência a projeção de J. Bertin (páginas 14, 18, 22, 26, 28, 30, 34, 40, 42, 44, 46, 48, 50, 52, 58, 62, 64). Os mapas das páginas 68, 72, 76, 80, 84, 88, 90, 92, 96, 100, 102, 104, 106, 108, 110, 112, 114, 116, 120, 122, 124, 126 usam as projeções de J.-P. Magnier. Os demais foram desenhados a partir de diversas projeções cilíndricas, cônicas, polares... O mapa da página 6 tem como referência a projeção de W. Briesemeister. Foi omitida a escala nos mapas, por não ser significativa nesta obra.

Sumário

Prefácio	5

1 As grandes referências do passado — 7

Os primeiros homens povoam a Terra
• Genealogia dos primeiros homens • Teoria "do candelabro"
• Teoria "da Arca de Noé" — 8-11

O apogeu da Europa
• A Europa e suas zonas de influência em 1914 — 12-13

As longíquas consequências da desagregação dos impérios
• Novos Estados nascidos com o fim dos impérios, de 1918 a 1991
• Desagregação dos impérios centrais e novos Estados depois de 1918 — 14-17

A guerra fria • Os dois blocos • A Europa dividida — 18-21

O Terceiro Mundo • Surge um terceiro mundo — 22-23

2 As diversas interpretações do mundo global — 25

A tese da comunidade internacional • OMC, G-20 e Internet em 2006 • Principais redes televisivas de informação 24 horas — 26-29

A tese do choque de civilizações • O Ocidente contra todos? — 30-31

A tese do mundo unipolar
• A hiperpotência dos Estados Unidos — 32-33

A tese do mundo multipolar
• G-8 e Conselho de Segurança da ONU — 34-36

3 Os dados globais — 39

População • Evolução previsível entre 2005 e 2050 por continente e para os 18 países mais populosos — 40-41

Migrações internacionais • Emigração de 1830 a 1914 • Grandes fluxos migratórios de hoje — 42-43

Desigualdades Norte–Sul • Produto Interno Bruto por habitante por país — 44-45

Saúde pública • Expectativa de vida por país — 46-47

Petróleo e gás • Produção de petróleo e gás e duração das reservas — 48-49

As línguas no mundo • As doze principais línguas oficiais — 50-51

As potências nucleares • Multiplicidade das posições dos Estados frente às armas nucleares — 52-53

Criminalidade • Tráfico de pessoas e de drogas — 54-55

Riscos ecológicos • Espécies ameaçadas e zonas de grande diversidade biológica • Evolução possível das temperaturas por região e por estação do ano em 2050 • Evolução possível das precipitações por região e por estação do ano em 2050
• O Ártico: ponto estratégico do século XXI — 56-61

A água • Disponibilidade de água em m³ por pessoa por ano — 62-63

Religiões • Principais conflitos dos vinte últimos anos que envolveram fatores religiosos • Repartição geográfica das principais religiões no mundo — 64-65

4   O mundo visto por...   67

Estados Unidos • Mapa global • A formação dos
Estados Unidos   68-71

Europeus • Mapa global • Divisão do Império Romano
em 395 • A Europa no início do século IX • A Europa em 1580
• A Europa em 1815 • A construção da União
Europeia, 1957-2008   72-75

França • Mapa global • Divisão de Verdun em 843
• Capetíngios e plantagenetas em 1180 • A França em 1226
• A França em 1483, quando da morte de Luís XI • A França
de Luís XIV e Luís XV • O império francês de Napoleão I
em 1811 • A França de 1871 a 1918 • O império francês em
1930 • A descolonização francesa (1954-1977) • A França e
suas regiões em 2008   76-79

Alemanha • Mapa global • O Sacro Império Romano-Germânico
no final do século X • O Sacro Império Romano-Germânico
depois de 1648 • A Prússia e a Confederação Germânica em
1815 • A unidade alemã: 1866-1871 • A Alemanha em 1919
• O poder do Eixo em novembro de 1942 • A Alemanha
em 1955 • A Alemanha unificada e seus vizinhos em 2008   80-83

Reino Unido • Mapa global • A revolução inglesa de
1641-1649 • O crescimento das cidades: 1802-1921
• A revolução industrial na Inglaterra: 1750-1850
• O Império Britânico em 1901   84-87

Polônia • Mapa global   88-89

Turquia • Mapa global   90-91

Rússia • Mapa global • A formação do espaço russo e
soviético: 1054-1945 • O fim da URSS (abril-dezembro de 1991)   92-95

China • Mapa global • A China no final do século XIX
• A guerra da China: 1937-1944 • A ofensiva comunista:
1947-1949 • A China em 2008   96-99

Japão • Mapa global   100-101

Coreia • Mapa global   102-103

Canadá • Mapa global   104-105

Brasil • Mapa global   106-107

México • Mapa global   108-109

Israel • Mapa global   110-111

Mundo árabe • Mapa global   112-113

Islamistas • Mapa global   114-115

Africanos • Mapa global • Os principais reinos africanos
• O tráfico de escravos (1450-1910) • A África em 1883
• A África de 1922 a 1938 • A descolonização da África
e os processos de independência: 1945-1993   116-119

Mediterrâneos • Mapa global   120-121

Irã • Mapa global   122-123

Índia • Mapa global   124-125

África do Sul • Mapa global   126-127

Prefácio

Oferecer ao leitor chaves para decifrar o tão complexo mundo global, no qual vivemos desde o fim da guerra fria, seus riscos e oportunidades: essa é nossa ambição.

Informar, explicar, esclarecer sem sobrecarregar, saturar ou complicar, e alertar sem alarmar foram nossas preocupações constantes através desses 80 mapas e dos textos que os acompanham.

Contrariamente ao período de quase meio século de guerra fria, cuja realidade não se contestava, não há hoje uma interpretação unânime da situação do mundo. Será que ele constitui uma "comunidade internacional" onde todos compartilham os mesmos valores universais? Ou estaria dividido em sistemas de valores e de crenças diferentes, quiçá antagônicos? O confronto de potências ficou para trás ou vai reaparecer com força redobrada por razões geopolíticas, energéticas, ecológicas e religiosas, entre outras? Procuramos apresentar ao leitor diferentes perspectivas para que ele forme sua própria opinião. Do mesmo modo, não nos apoiamos no ocidentocentrismo ou no eurocentrismo habituais, que muitas vezes impedem de perceber as transformações em curso no mundo. Ainda que a independência global seja uma realidade, cada país, cada povo tem sempre a sua visão do mundo, moldada por sua história — em cujo centro, naturalmente, está ele próprio —, sua percepção particular dos riscos, ameaças e oportunidades, suas ambições e temores. Oferecemos exemplos variados dessas abordagens, que evidentemente não coincidem! Por enquanto?

Assim concebido, nosso atlas é organizado em quatro partes: 1. *Grandes referências do passado*, seção muito sintética, com nove mapas e cinco "textos panorâmicos", que dão ao atlas sua profundidade histórica; 2. *As diversas interpretações do mundo global*, pois não há uma interpretação única e unânime; 3. *Dados globais* (demográficos, econômicos, energéticos, estratégicos, etc.); e, por fim, 4. *O mundo visto por...*, em nossa opinião, uma seção essencial, na qual, além de nossa visão, tentamos representar o mundo visto... pelos outros.

Todos esses dados e visões cruzadas mostram convergências e coerências, mas também contradições formidáveis, antagonismos reais ou potenciais. O mundo tal como será nos próximos decênios está aqui inscrito de modo claro ou implícito. A vocês, a nós, importa saber decifrá-lo para nos prepararmos para ele.

Os autores agradecem Jean-Pierre Magnier pela pertinência e qualidade de sua cartografia e Laurent Berton pela eficácia de seu trabalho editorial.

Pascal Boniface
Hubert Védrine

As grandes referências do passado

Como surgiu o mundo em que vivemos? Quais são as heranças históricas que moldaram as realidades estratégicas contemporâneas? O passado esclarece o presente e permite situar melhor o que está em jogo hoje. Este não é um "atlas histórico". Contudo, nosso mundo atual é ininteligível se não tivermos em mente os encadeamentos passados. Pensando nisso, destacamos cinco momentos ou etapas essenciais.

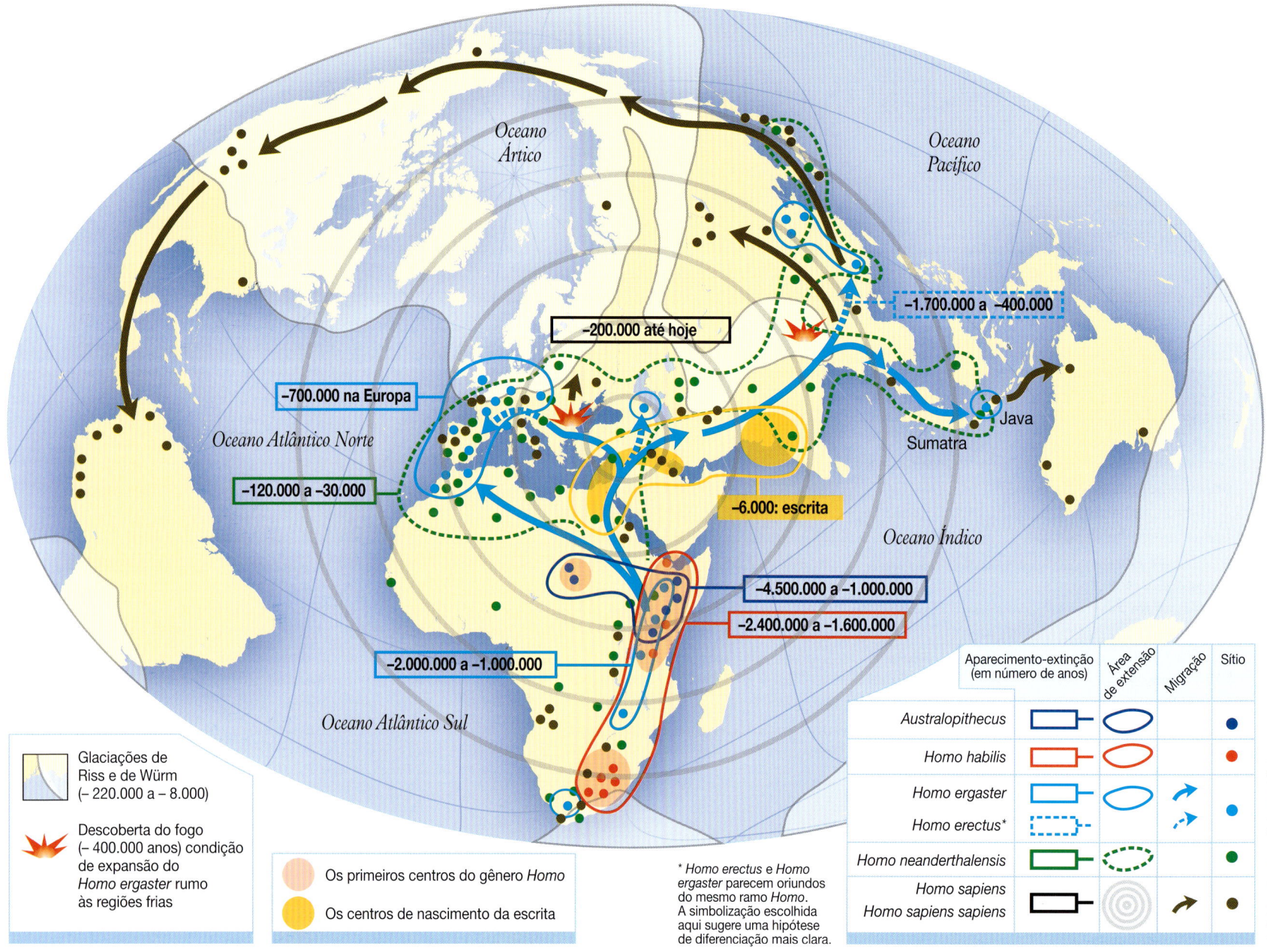

Os primeiros homens povoam a Terra

O homem é uma espécie recente na história do mundo. Embora a vida tenha surgido há 3,8 bilhões de anos, o homem moderno (*Homo sapiens sapiens*) — isto é, nós — tem apenas 35.000 anos.

Para estabelecer uma genealogia, é útil partir da separação dos primatas humanóides em dois ramos distintos, o que ocorreu entre 5,4 milhões e 9 milhões de anos atrás: os "grandes macacos" (chimpanzés e bonobos, por exemplo) e os hominídeos.

Entre os hominídeos, os autralopitecos apareceram, há cerca de 6 milhões de anos, no sul da África. Esses bípedes arborícolas desapareceram há 1,7 milhão de anos.

Ainda na África, mas ao leste, a primeira espécie do gênero *Homo* aparece há 2,5 milhões de anos: é o *Homo habilis*, o "homem hábil", que usa suas ferramentas e do qual provém o homem moderno. Nessa época, nosso ancestral é pequeno (de 1,20 a 1,50 metro), pesa 40 quilos e dispõe de um pequeno cérebro (de 600 cm^3).

A segunda espécie é o *Homo ergaster*. Surgido há cerca de 1,7 milhão de anos, este "homem artesão" é maior que seu ancestral (de 1,5 a 1,7 metro), mais pesado (60 quilos) e mais inteligente, com um cérebro de 900 cm^3. É o primeiro do gênero *Homo* a se aventurar fora do continente africano pelo nordeste; foram descobertos indícios dele perto do lago do Tibete e, mais ao norte, na Geórgia. 400.000 anos depois esse caçador chega ao leste e ao sudeste da Ásia. E 300.000 anos mais tarde (há 1 milhão de anos) estava presente no sul da Europa. Mais 300.000 anos, e ele estava na Europa temperada (há 700.000 anos). Todos esses deslocamentos terrestres foram facilitados pelo baixo nível dos mares (período glacial).

Foi a domesticação do fogo (há 400.000 anos) que permitiu ao *Homo ergaster* progredir nas regiões frias da Europa, Ásia (no Japão) e América. Note-se que a designação *Homo erectus* ("homem ereto") é reservada a seus descendentes asiáticos.

O homem de Neandertal apareceu há 300.000 anos. O *Homo neanderthalensis* — que certos especialistas acreditam descender do *Homo ergaster* — já enterrava seus mortos há 100.000 anos atrás, e desapareceu há aproximadamente 30.000.

Há cerca de 120.000 anos, descendendo provavelmente das linhagens *Homo ergaster* africanas, aparece na África o *Homo sapiens* ("homem sábio"), com cérebro volumoso (1.450 cm^3); depois, há cerca de 35.000 anos,

> *Seremos sábios o bastante para gerir os problemas advindos do sucesso de nossa espécie?*

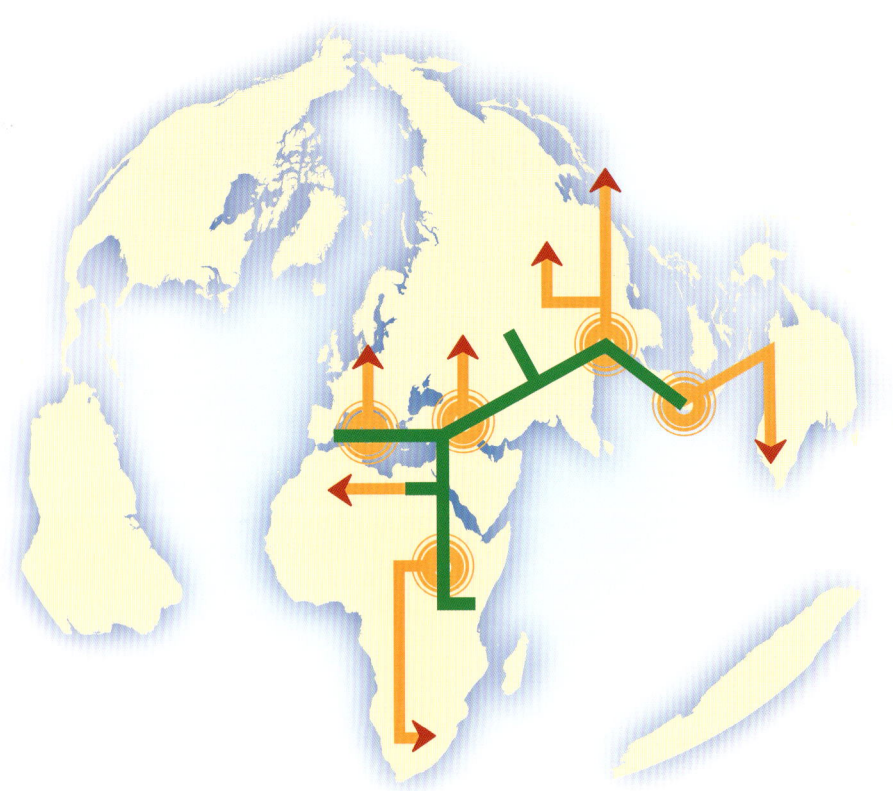

Teoria "do candelabro"

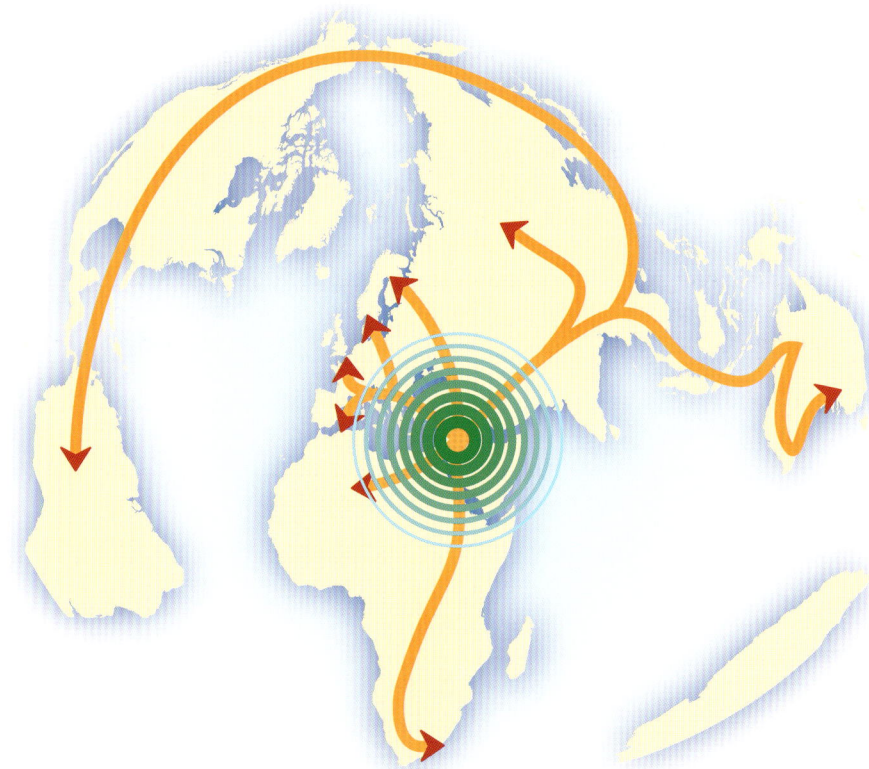

Teoria "da Arca de Noé"

Os primeiros homens povoam a Terra

surge o *Homo sapiens sapiens*. Diversas teorias científicas se opõem: segundo a teoria "do candelabro", o homem moderno seria resultado de mutações e evoluções diversas a partir de descendentes do *Homo ergaster* da Europa e do *Homo erectus* da Ásia; já a teoria "da Arca de Noé" defende a ideia de uma origem africana única e de migrações posteriores que povoaram a Terra. Segundo essa teoria, o *Homo sapiens*, em menos de 100.000 anos e partindo somente de alguns milhares de indivíduos, coloniza o Oriente Próximo e o Oriente Médio (há 120.000 anos), a África (há 80.000 anos), a Europa e a Ásia (há 60.000 anos) e a América do Norte (há 40.000 anos).

A revolução do Neolítico só vai acontecer, progressivamente, bem mais tarde, há cerca de 7.000 anos. E o que chamamos de História só tem início com o surgimento da escrita, cerca de 5.000 ou 6.000 anos atrás, nas cidades-Estado do "crescente fértil", no vale dos rios Nilo, Eufrates e Indo.

Passaram-se 400.000 anos desde a domesticação do fogo, e 100.000 anos desde os primeiros ritos funerários. E já faz 30.000 anos que o homem utiliza ferramentas (e, portanto, roupas e armas), pinta afrescos e constrói jangadas. Mesmo que não se tenha consciência disso, nossa herança remonta a bem antes da Suméria e dos faraós!

Inúmeras controvérsias agitam o mundo dos paleantropólogos e pré-historiadores. A descoberta de novos sítios e os progressos da genética vão trazer certezas e correções impressionantes sobre diversas espécies, suas origens, deslocamentos, correlações e sobre a cronologia de modo geral. Mas uma questão se coloca: descendentes da única linhagem de *Homo* que sobreviveu e que acreditou poder se autointitular *sapiens* ("sábio"), seremos nós sábios o bastante para gerir os problemas dramáticos advindos do desenvolvimento de nossa espécie, que terá 9 bilhões de indivíduos em 2050?

> *Qual a origem do homem?*
> *Diversas teorias se opõem.*

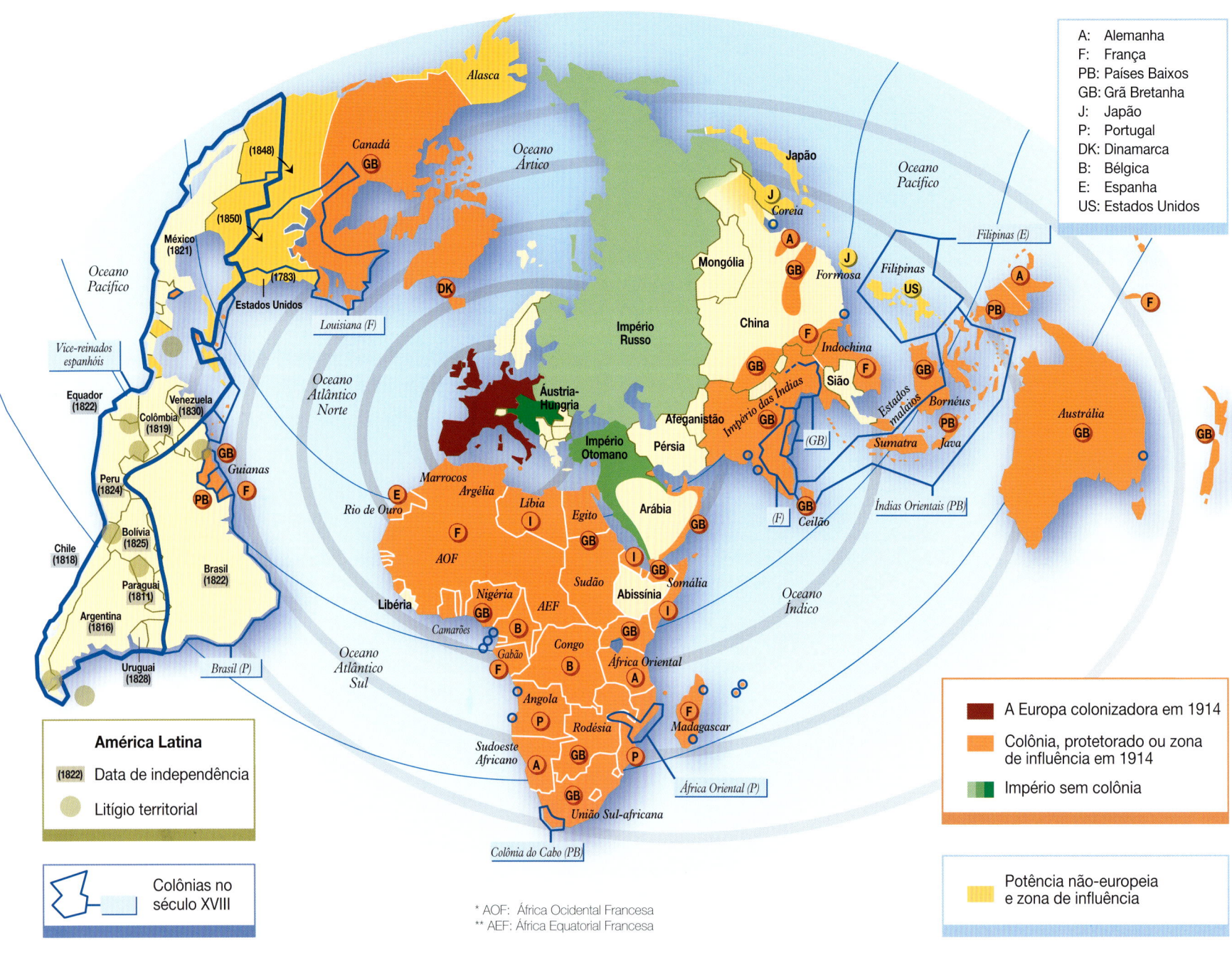

O APOGEU DA EUROPA

Depois de ter sido, do século V ao X, destino ou local de passagem de numerosas invasões e migrações vindas do leste ou do sul, a Europa conheceu uma primeira expansão com as Cruzadas no Oriente, de 1095 a 1291. Mas é com as grandes descobertas e os grandes viajantes do século XV (Vasco da Gama, Cristóvão Colombo, Fernão de Magalhães) que ela começa de fato a estender sua influência pelo mundo. Esses grandes descobridores abriram caminho para os primeiros impérios coloniais europeus: inicialmente português e espanhol, depois inglês e francês (na Ásia e América), e holandês. A África ficou assim dividida entre britânicos, franceses, belgas, portugueses, espanhóis e alemães. Desse modo, no século XIX, os franceses e britânicos estão cada um à frente de um império global. China e Japão, por sua vez, precisaram abrir seus mercados sob a ameaça e as condições europeias.

Às vésperas da guerra de 1914, os países europeus dominam o mundo que dividiram. Concorrem entre si, mas estão todos convencidos de sua "missão civilizatória". De certo, os Estados Unidos tornaram-se independentes no século XVIII; os países da América Latina, no século XIX, e os russos estenderam seu controle até o Oceano Pacífico. Mas essa época da primeira mundialização global (fronteiras abertas, padrão-ouro) mantém uma europeização do mundo.

A exacerbação das rivalidades econômicas e coloniais entre potências europeias é, por outro lado, uma das causas da guerra de 1914-1918. Pode-se dizer que esse conflito foi mais uma "guerra civil europeia" do que uma verdadeira "guerra mundial". Há, em seguida, um encadeamento: do conflito de 1914-1918 até a Segunda Guerra Mundial de 1939-1945, passando pelo entreguerras, que, sem resolver problema algum, foi tanto um pré-guerra quanto um pós-guerra. Em 30 anos, a Europa foi arruinada, suplantada e dominada pelos Estados Unidos e, por algum tempo, pela União Soviética.

> Às vésperas da guerra de 1914, os europeus dividem entre si o mundo

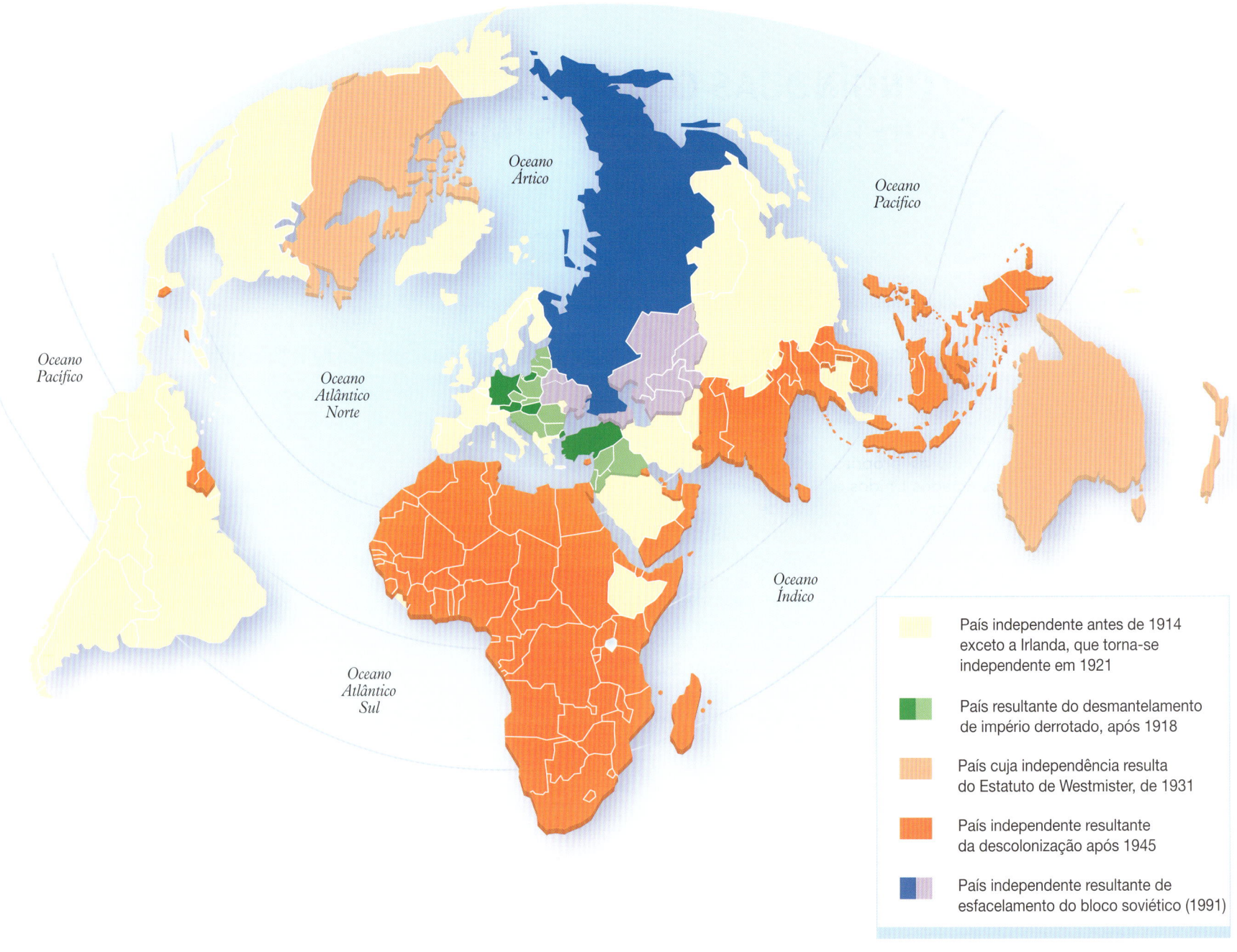

AS LONGÍNQUAS CONSEQUÊNCIAS DA DESAGREGAÇÃO DOS IMPÉRIOS

Por muito tempo os impérios coloniais conseguiram conter as aspirações nacionais e as tensões étnicas dos povos por eles dominados. A desagregação desses mesmos impérios deu origem a muitos conflitos, dos quais alguns ainda permanecem. Assim, uma genealogia das crises, bem como das mentalidades nacionais, impõe-se a quem queira entender as crises de hoje.

Para os norte-americanos, as próprias condições da criação dos Estados Unidos e sua independência contra a coroa britânica explicam uma longa tradição de isolacionismo até 1917, e talvez até depois.

Entre os Estados da América Latina, litígios surgem na primeira metade do século XIX, quando as colônias espanholas conduzem suas guerras de independência. Essas tensões marcam ainda hoje os sentimentos nacionais.

Na Europa, a Primeira Guerra Mundial gerou o desmantelamento dos impérios alemão, austro-húngaro e otomano.

No caso alemão, o Tratado de Versalhes (29 de julho de 1919) consagra a derrota e a dissolução imperiais, fazendo com que a humilhação dos alemães fosse uma das motrizes do nacionalismo belicoso do Reich no entreguerras. A derrota nazista, a segunda divisão da Alemanha durante a guerra fria e a unificação alemã (1991) geraram um ciclo de desconstrução-reconstrução da identidade alemã que durou 72 anos (1919-1991).

A aliada austro-húngara da Alemanha, em 1914, foi a segunda potência a ser desmantelada, pelos tratados de Saint-Germain-en-Laye para a Áustria (10 de setembro de 1919) e de Trianon para a Hungria (4 de junho de 1920). A criação da Tchecoslováquia e da Iugoslávia continha o germe de conflitos inevitáveis; esses novos Estados reunindo minorias incompatíveis, o que acabou gerando uma instabilidade que favoreceria as manobras hitlerianas durante os anos 1930. Sem dúvida, depois da guerra, esses problemas nacionais foram "congelados" pela guerra fria, e, no caso iugoslavo, pela mão de ferro de Tito, mas eles ressurgiram com o fim dos regimes comunistas em 1989-1990 — veja-se, por exemplo, a questão das minorias húngaras.

O fim dos impérios origina novos Estados e reacende antigos conflitos

Na maior parte dos casos a situação pôde se estabilizar: graças ao reconhecimento por parte da Alemanha de sua fronteira oriental com a Polônia nos rios Oder e Neisse; graças à perspectiva de reaproximação seguida da adesão à União Europeia; e com a ajuda do "pacto de estabilidade" com a Europa Central. A dinâmica pacífica levou assim doze países a ingressarem na União.

No caso iugoslavo, por outro lado, a desintegração começou, no final dos anos 1980, com a morte do marechal Tito. Ninguém pode contê-la: nem os iugoslavos, nem os europeus, nem o Conselho de Segurança das Nações Unidas. Assim, essa desintegração se fez violentamente: guerra da Croácia e da Bósnia (1991-1992) e guerra no Kosovo (1999). Dez anos mais tarde, em 2008, a estabilidade ainda não está completamente garantida, nem na Bósnia, nem na Sérvia e tampouco na Macedônia.

Por fim, o Império Otomano, desmantelado pelos tratados de Sèvres (1920) e Lausanne (1923), mantém hoje sua marca

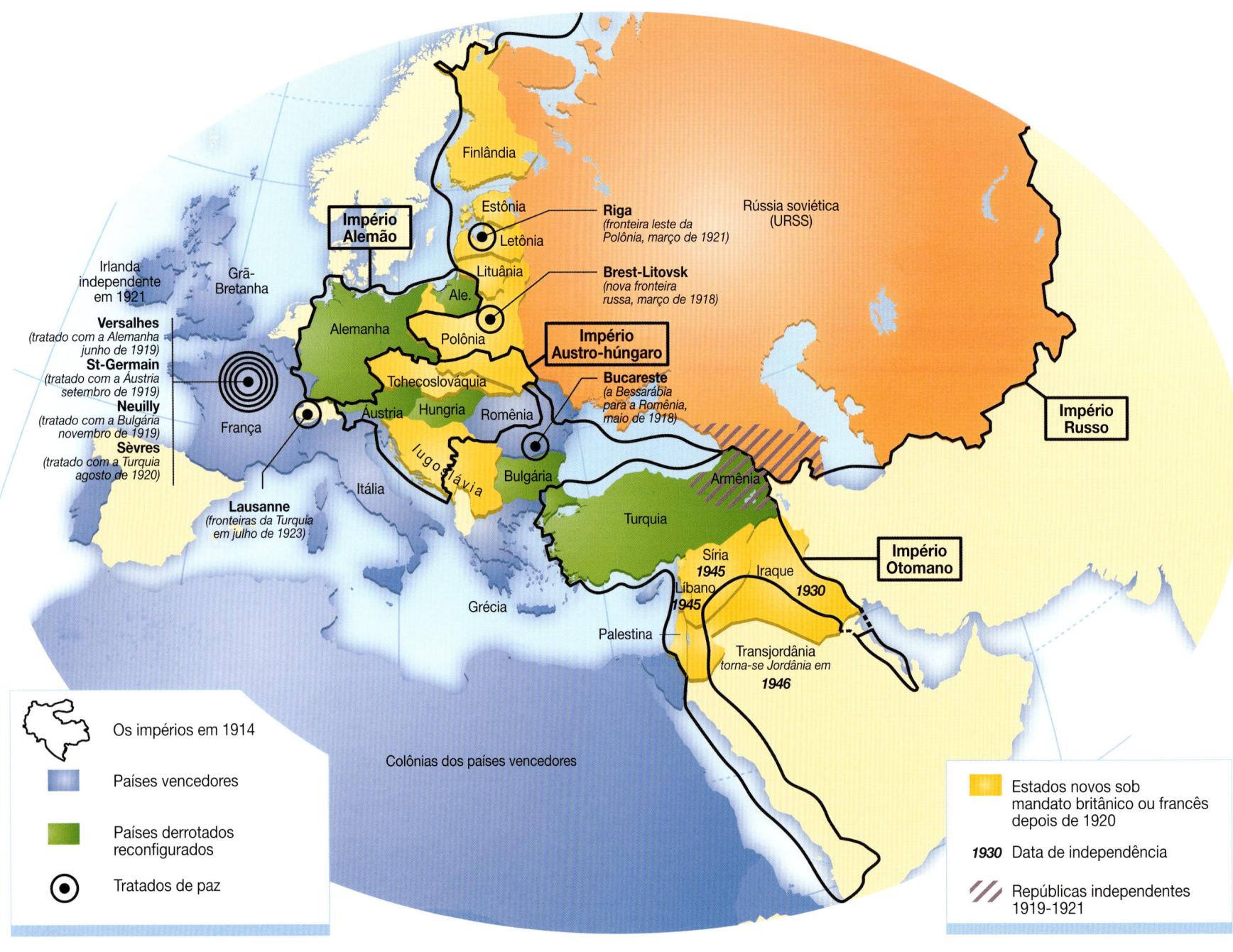

AS LONGÍNQUAS CONSEQUÊNCIAS DA DESAGREGAÇÃO DOS IMPÉRIOS

pelos conflitos que deixou como herança. Nos Bálcãs, o caldeirão iugoslavo sofreu as tensões nacionais e religiosas que os otomanos colocaram em banho-maria. No Oriente Médio, o Estado curdo, mais ou menos prometido, nunca viu a luz do dia; o Iraque, nascido da união arbitrária, sob ordens britânicas, de três províncias otomanas, conheceu uma história movimentada e trágica. E a Síria, o Líbano, a Transjordânia (atual Jordânia) e Israel, a partir de 1948 e até hoje, não conheceram nem paz nem estabilidade: a história do século findo continua a alimentar medos e ressentimentos nas populações.

As descolonizações dos anos 1950-60 na África e na Ásia geraram dezenas de novos Estados. Mas a "retirada" das potências tutelares (Portugal, Espanha, Bélgica, Países Baixos, França, Reino Unido) deixou subsistirem "bombas de efeito retardado": divisão do subcontinente indiano, ruptura do Paquistão, conflitos árabe-iraelenses, questão do Timor, estatuto de Hong Kong... e tantos outros! A "jovem África" teve a sabedoria de aceitar as divisões coloniais, e não colocar as fronteiras mais uma vez em questão, por mais artificiais que elas fossem. A leste de Suez, a retirada britânica levou à independência dezenas de emirados do golfo Pérsico, entre eles o Kuwait, que o Iraque iria reivindicar (Guerra do Golfo, 1991). As relações que esses novos Estados independentes mantêm entre si e com o resto do mundo permanecem até hoje marcadas, de modo ambivalente, pelo período colonial e pela antiga potência colonial, por sua língua, ainda que a globalização dê a cada país uma maior margem de manobra e possibilidades novas.

As relações que os novos Estados mantêm entre si e com o resto do mundo permanecem marcadas pelo período colonial

Numerosos micro-Estados do Pacífico, antes sob tutelas diversas, tornaram-se independentes nos anos 1980-90. O último "império" a desaparecer foi a União Soviética, no final de 1991, com a independência dos três países bálticos, da Ucrânia (berço da Rússia), da Armênia, da Geórgia, do Azerbaijão e dos países da Ásia Central, o que fez com que ressurgissem graves problemas de minorias, notadamente no Cáucaso.

Hoje restam no mundo apenas pequenos pontos coloniais. Mas os problemas mais graves permanecem para as minorias na África, no Oriente Médio e na Ásia. Alguns analistas consideram que esse gigantesco movimento de refluxo colonial, vindo depois de séculos de expansão europeia e ocidental, ainda não terminou, e com o qual a China e a Rússia, mais uma vez, hão de se confrontar no futuro.

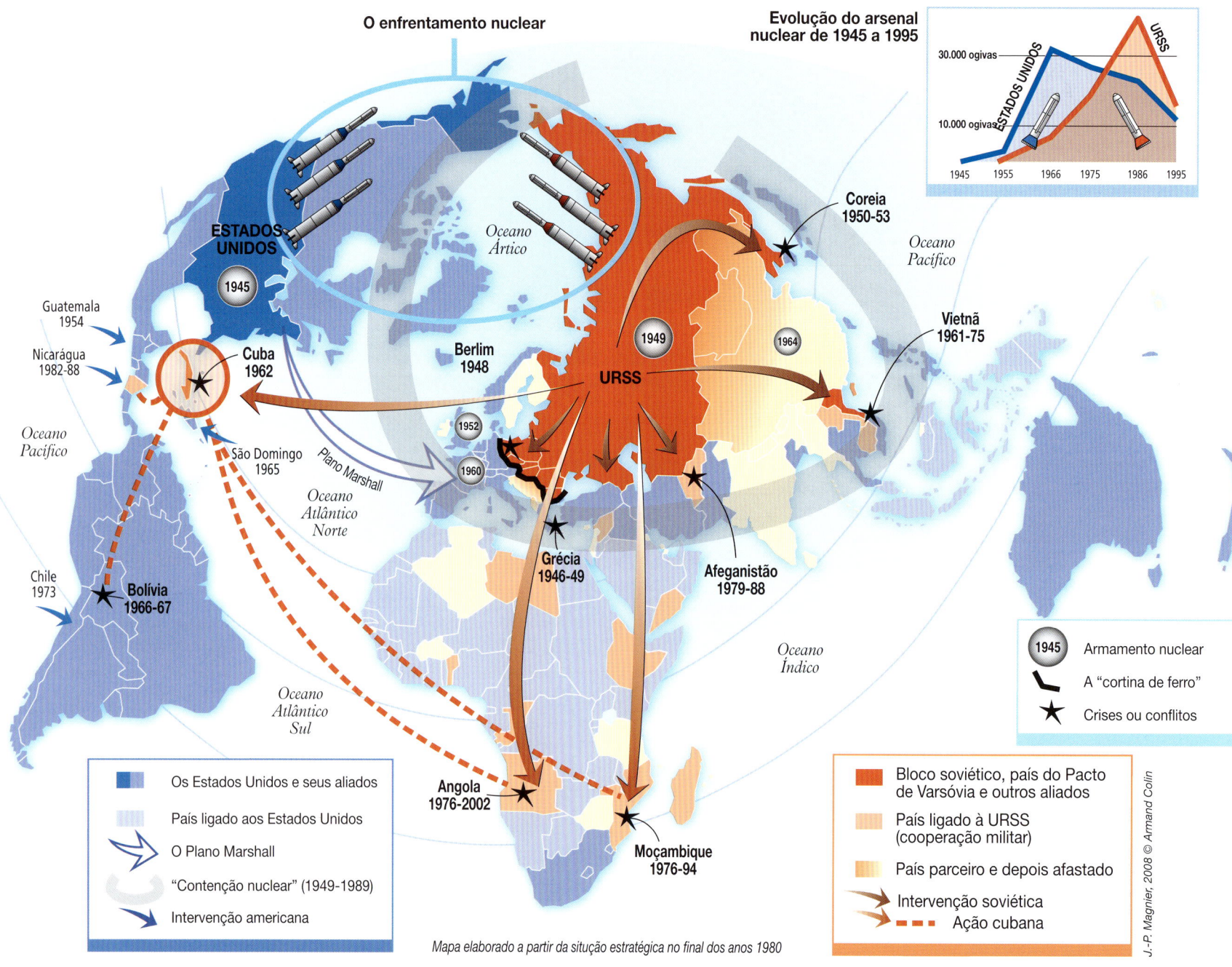

A GUERRA FRIA

De 1945 — data da vitória dos aliados, um ano-chave — a 1991, o antagonismo Leste-Oeste, sovieto-americano, estruturou as relações internacionais. Sem dúvida, as disposições estabelecidas pelos aliados norte-americanos, britânicos e soviéticos nas conferências de Teerã, Ialta e Potsdam são hoje ultrapassadas, desde o fim da União Soviética e da reunificação alemã em 1990-91, no que concerne à Europa e à Alemanha. Por outro lado, embora contestadas, as disposições acordadas na Organização das Nações Unidas perduram. A repartição dos armamentos, as relações diplomáticas e as opiniões permanecem marcadas por este último século.

Os vencedores de 1945 se dividiram, assim que derrotaram o hitlerismo e o imperialismo nipônico. Contrariamente à promessa feita a Roosevelt e Churchill em Ialta (onde, diversamente do que se imagina, não houve partilha do mundo), Stalin não organizou eleições livres nos territórios europeus liberados pelo Exército Vermelho, mas, ao contrário, impôs governos comunistas pró-soviéticos.

Em 1946 Churchill fala de uma "cortina de ferro" que se fechou entre o Oriente e o Ocidente, de Estetino, no Báltico, a Trieste, no Adriático. A ameaça militar (e, a partir de 1949, também nuclear) soviética sobre a Europa Ocidental é tamanha, sobretudo depois da Guerra da Coreia, que os Estados Unidos selam uma aliança com os canadenses e europeus, pela primeira vez em sua história, para "conter" a União Soviética: a Organização do Tratado do Atlântico Norte (OTAN), também chamada de Aliança Atlântica, inteiramente dirigida pelos Estados Unidos e logo incorporada, desde os tempos de paz, como se a guerra fosse estourar no dia seguinte. Os EUA lançam também o Plano Marshall, para reconstruir a Europa e evitar que a propaganda soviética se espalhe. Inicia-se imediatamente uma disputa entre os dois blocos pelos armamentos convencionais, e sobretudo os nucleares: cada vez mais bombardeiros e mísseis, intercontinentais ou de médio alcance, trazendo inicialmente cargas nucleares únicas e consideráveis e, depois, "ogivas múltiplas" nucleares, mais e mais precisas. A tensão é permanente. Em 1948, o Ocidente barra a tentativa de isolamento de Berlim feita pela URSS, a qual, por sua vez, põe em xeque a revolta de Berlim Oriental de 1953, cria o Pacto de Varsóvia em 1955 e sufoca a insurreição de Budapeste em 1956, bem como a de Praga em 1968. No Ocidente — o que, contudo, não é comparável —, o general De Gaulle, cansado de esperar por uma reforma da Aliança que nunca acontece, retira a França do comando militar integrado em 1966, embora permaneça na Aliança.

Essa "guerra fria", esse "equilíbrio do terror", não impede as duas superpotências

> *O mundo não foi dividido em Ialta em fevereiro de 1945*

A GUERRA FRIA

de se enfrentarem em outros lugares, no Terceiro Mundo, por meio de aliados ou satélites interpostos. Como disse Raymond Aron, "a paz é impossível", pois os dois sistemas de valores e objetivos estratégicos são incompatíveis. Mas "a guerra é improvável", acrescenta ele, uma vez que a dissuasão nuclear é tão... dissuasiva. A guerra é mesmo impossível. Assim, a "coexistência pacífica", concebível a partir de Kennedy e Krutchev, impõe-se depois da angustiante crise dos mísseis de Cuba, em 1962. Ela se traduz pelos acordos em torno de um "telefone vermelho", depois por um tratado ABM que proíbe os antimísseis para que a dissuasão funcione, e, em seguida, no período Nixon-Kissinger-Brejnev, por acordos de limitação dos armamentos estratégicos (SALT — Strategic Arms Limitation Talks, década de 1970), e, ainda, no início dos anos 1980, por acordos de redução de armas estratégicas (START, na sigla em inglês).

Em meados dos anos 1980, Reagan parte para exaurir uma URSS já em dificuldade evidente no Afeganistão, onde interveio em 1979 para salvar o regime pró-comunista, envolvendo o país numa quimérica e extenuante "guerra das estrelas". A partir de 1985, Gorbatchev, consciente do fiasco soviético, tenta salvar o comunismo reformando-o (*glasnost*, *perestroika*), assina novos acordos de desarmamento, retira do Afeganistão o Exército Vermelho e, sobretudo, decide não empregar a força para manter no poder as "democracias populares" da Europa Central e Oriental. Repressivas, ultrapassadas e sem base alguma nas sociedades, elas são imediatamente condenadas, e, entre 1989 e 1990, todas elas caem (o que permite, concomitantemente, a reunificação alemã). No final de 1991 é a própria URSS que se desagrega. A guerra fria — que, em quase 45 anos, nunca degenerou em "guerra quente" — termina. A era do mundo "global" começa.

> *Sem o apoio da força, o sistema soviético desmorona*

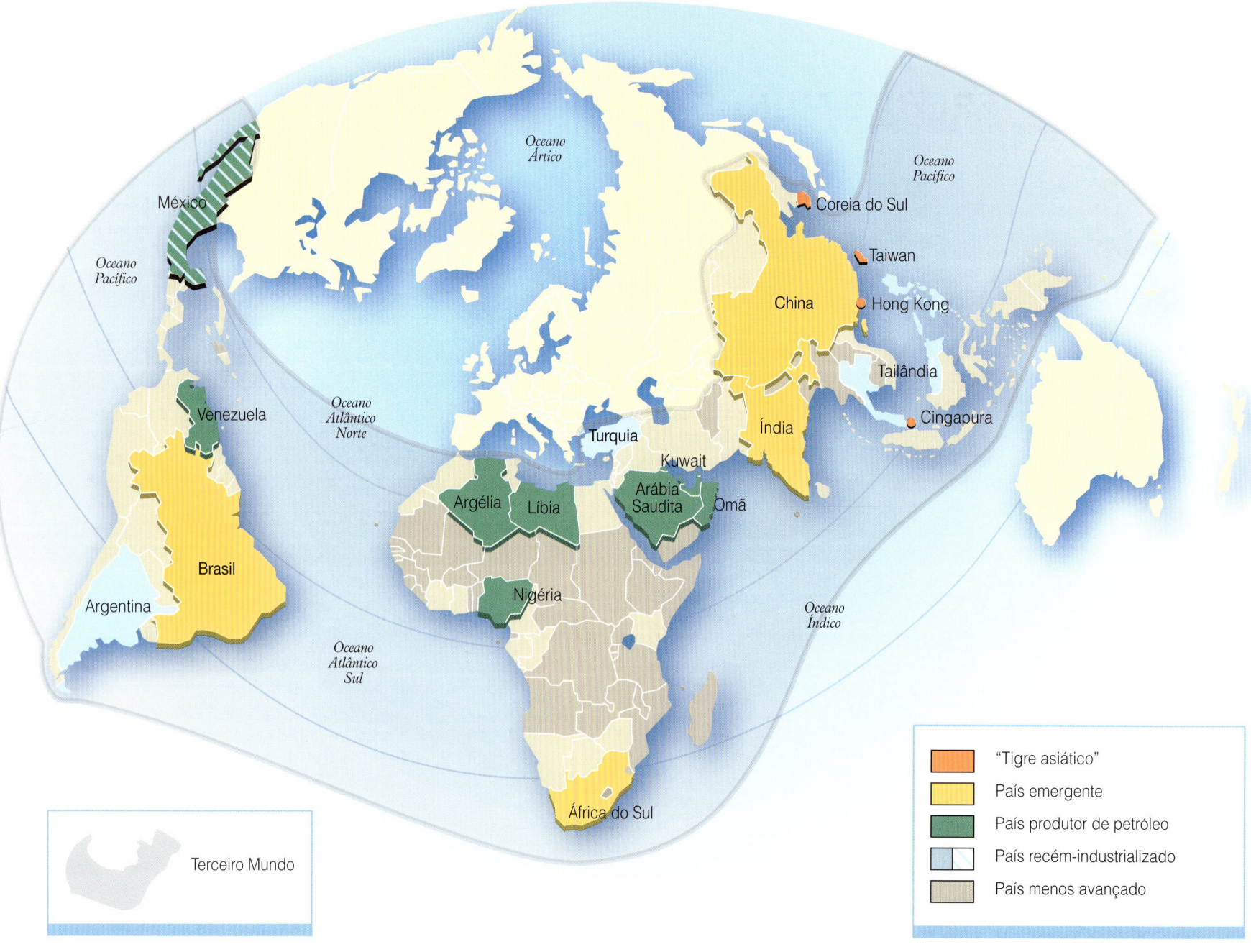

O TERCEIRO MUNDO

Depois de 1945, quando as relações internacionais se organizam em torno da competição Leste-Oeste, inúmeras nações, na aurora de sua independência, buscam escapar desse mundo bipolar e preservar sua identidade.

A expressão "Terceiro Mundo" foi criada em 1952 pelo economista francês Alfred Sauvy, inspirado no Terceiro Estado da França do Antigo Regime. Assim como, àquela época, a "terceira ordem" afirmou-se contra as outras duas (clero e nobreza), assim também o Terceiro Mundo, que é pobre, majoritário, dominado por antigas potências coloniais e sem grande poder, define-se por oposição: não se quer nem capitalista, nem comunista.

Esses países situam-se essencialmente no hemisfério Sul. A oposição Norte-Sul é, segundo eles, mais determinante que o confronto Leste-Oeste. Os países do Norte podem ser divididos ideologicamente entre comunistas e ocidentais (economias avançadas de mercado), todos pertencentes, contudo, ao mundo desenvolvido, em face do qual o Sul deve afirmar sua identidade. Trata-se de, ao mesmo tempo, concluir a descolonização, preservar a independência dos países do Sul diante da competição soviético-americana e permitir sua decolagem econômica. Em abril de 1955, ocorre em Bandung, Indonésia, a primeira grande conferência que reúne países do Terceiro Mundo. Os 29 Estados participantes representam metade da humanidade, mas somente 8% do PIB mundial. Em 1960, a Assembleia Geral das Nações Unidas adota a resolução 1.541 (XV), que proclama o direito à descolonização "imediata e incondicional". A colonização é apresentada nesse documento como contrária à paz mundial e à Carta da ONU. O Sul denuncia igualmente os termos da "troca desigual": o Terceiro Mundo exporta matérias-primas a preço baixo e paga muito caro pelos produtos industrializados do Norte. Em 1974, a Assembleia Geral da ONU proclama a instauração de uma "nova ordem econômica internacional", baseada na equidade, na igualdade soberana. Os Estados do Terceiro Mundo criam o Grupo dos 77 e proclamam a soberania permanente sobre suas riquezas naturais, o que é para eles a afirmação de uma soberania econômica, indispensável mas que ainda precisa se concretizar, ao lado da soberania política. Os países do Norte são acusados de explorar os países do Sul. A Conferência das Nações Unidas sobre o Comércio e o Desenvolvimento (CNUCED) adota a Carta dos Direitos e Deveres Econômicos dos Estados.

Mas, depois dos anos 1970, a unidade do Terceiro Mundo se dissipa. Do ponto de vista político, o "não-alinhamento" dizia respeito a somente uma minoria dos Estados, como Índia, Indonésia e Iugoslávia, pois a maior parte dos demais estava estrategicamente ligada aos Estados Unidos ou à União Soviética. As diferenças mais marcantes foram criadas pela economia. Hoje, no mundo global, não há mais nada em comum entre os antigos países do Terceiro Mundo — entre, de um lado, aqueles que emergem e se desenvolvem, os gigantes geoestratégicos (chinês, indiano, brasileiro), os "tigres" asiáticos que se industrializaram, os Estados petroleiros que se beneficiam do custo elevado do petróleo, e, do outro lado, os países menos avançados (os PMA), cuja situação piorou. Desunido, o Terceiro Mundo está morto.

> *A unidade do Terceiro Mundo se dissipa, depois dos anos 1970*

As diversas interpretações do mundo global

Da mais otimista à mais pessimista, há diversas maneiras de interpretar o mundo global. Estamos caminhando para um choque de civilizações ou, ao contrário, assistimos à emergência de uma comunidade internacional harmoniosa e democrática? O mundo é unipolar ou se organiza em torno de vários polos de poder? Sem tomar partido, pretendemos apresentar as grandes chaves de leitura existentes sobre a situação do mundo. Serão as grandes teorias, antagônicas, alternativas ou, ao contrário, complementares? Ao leitor, fica a tarefa de decidir.

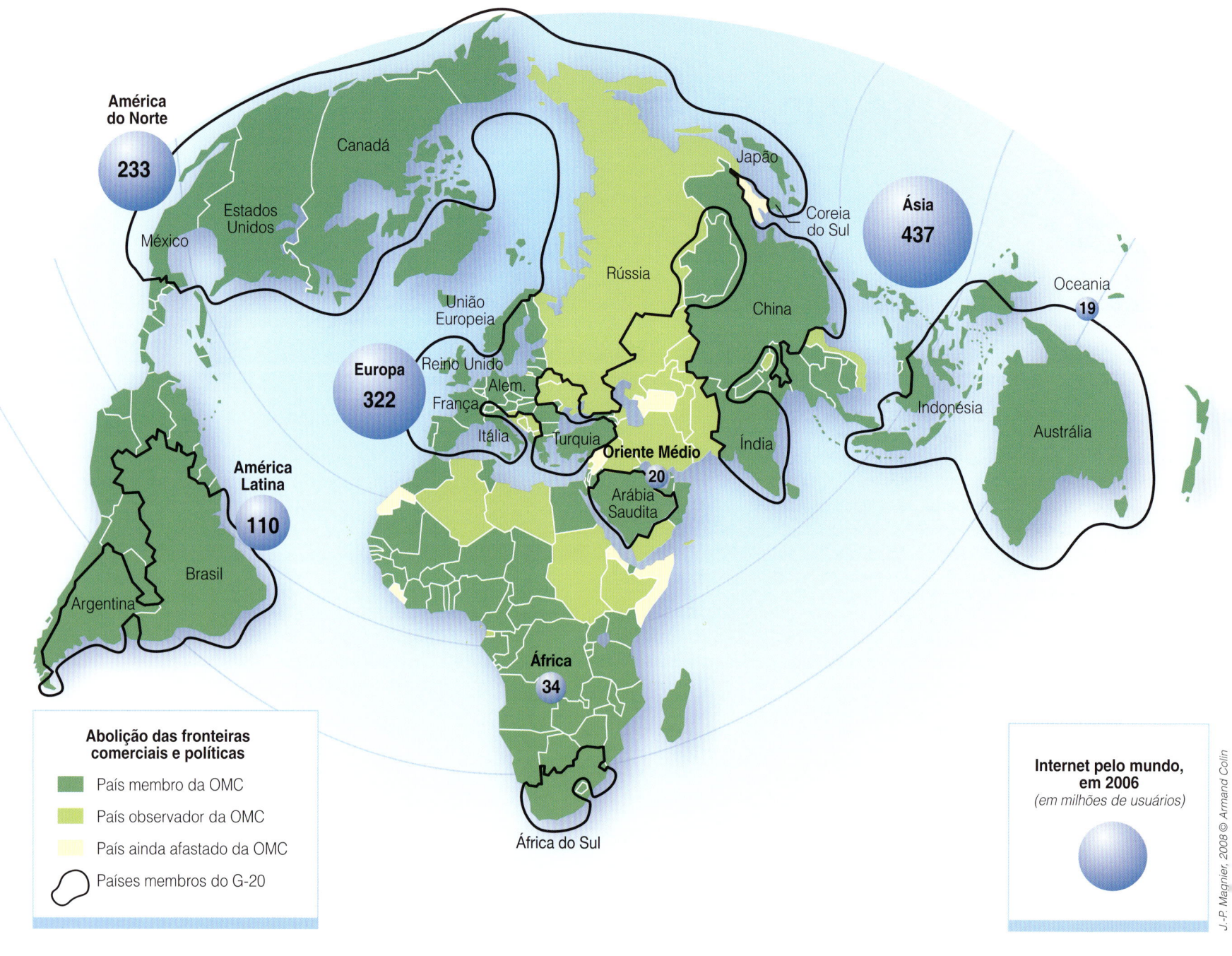

A TESE DA "COMUNIDADE INTERNACIONAL"

No início dos anos 1990, o desaparecimento da União Soviética e o fim da guerra fria suscitam muitas esperanças. A democracia, que, na década de 1980, já havia ganhado terreno na Ásia e na América Latina, estabelece-se no Leste Europeu e parece estar se espalhando pelo mundo. Os membros permanentes do Conselho de Segurança da ONU agem em conjunto quando da Guerra do Golfo (1990-91) e usam pela primeira vez a força segundo as regras de direito previstas pela Carta das Nações Unidas. A noção de "comunidade internacional" parece tomar corpo. A segurança coletiva não é mais ilusória. O presidente George Bush (pai) celebra o advento de uma nova ordem mundial fundada sobre uma comunidade "universal de Estados livres e soberanos, sobre a solução negociada dos conflitos e dos direitos do homem". O analista político Francis Fukuyama defende que as oposições ideológicas desapareceram e, com elas, o risco de confrontos, e anuncia "o fim da história". O modelo liberal ocidental não é mais contestado, embora não seja (ou ainda não seja) aplicado universalmente. Junto com o desaparecimento da divisão bipolar do mundo, a "globalização" toma corpo. Os progressos técnicos diminuem o tempo e as distâncias e multiplicam as novas capacidades de produção, permitindo uma elevação geral dos níveis de vida. As fronteiras se apagam, favorecendo as trocas livres, múltiplas e facilitadas no plano comercial em benefício da circulação de ideias, homens e capitais. O liberalismo econômico e político e o progresso tecnológico reforçam-se mutuamente. As tecnologias de informação capacitam os indivíduos, permitindo que cruzem antigas barreiras. A informação torna-se acessível a todos.

Os partidários da teoria da Comunidade Internacional estimam que a economia de mercado global assegura o progresso para todos — win-win, em que todos ganham — e que ela é o vetor em escala mundial da propagação da democracia e da prosperidade.

Segundo o americano Thomas Friedman, editorialista de política estrangeira e defensor da mundialização, o mundo é "plano" porque a revolução digital acelera o processo de globalização, abolindo as fronteiras comerciais e políticas. Não são mais os Estados ou as empresas que se relacionam ou entram em competição, mas diretamente os indivíduos que formam redes via Internet. O mercado de empregos se desnacionaliza e se globaliza. O computador pessoal permite que cada um produza seus próprios documentos digitais (textos, fotos, músicas, etc.). E, por um custo quase zero, a Internet permite acesso instantâneo a informações globais ilimitadas, em formato digital: as mídias tradicionais sofrem concorrência violenta; os

Para seus defensores, a economia de mercado global é um fator de progresso para todos

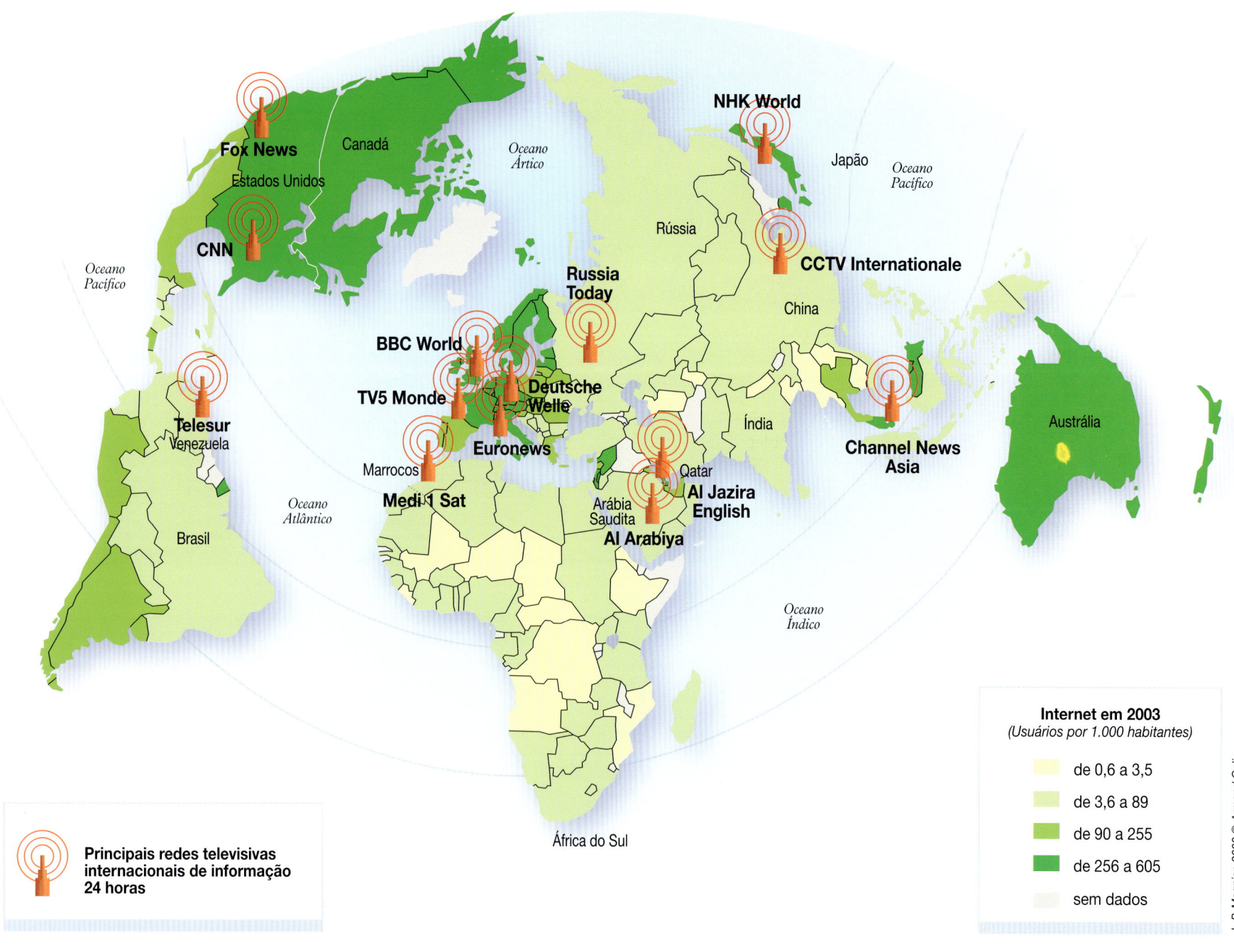

A TESE DA "COMUNIDADE INTERNACIONAL"

indivíduos adquirem um poder considerável. Os adeptos dessa tese concluem que, apesar de o fenômeno do terrorismo ser igualmente facilitado pela rede, os riscos de graves conflitos geopolíticos diminuem. A globalização das rotas de abastecimento torna insustentável o custo de uma guerra, por causa da interrupção das trocas comerciais que ela pressupõe. Assim, nas relações entre a China e Taiwan ou entre a Índia e o Paquistão, os interesses econômicos fazem com que esses adversários colaborem, apesar de seus interesses geopolíticos antagônicos.

Os conflitos existentes resultam da desigualdade de acesso à globalização. Mas a generalização desta, bem como a democratização e a liberalização da economia, deveria atenuar as tensões existentes. Friedman reconhece simplesmente que existe um mundo "não plano", a metade do Planeta ainda excluída das "vantagens" da globalização. A "fratura digital" diz respeito, assim, aos países menos avançados, mas também está presente no seio dos países emergentes: somente 2% dos indianos têm acesso à Internet hoje.

A globalização em rede facilita o terrorismo, mas limita os riscos de conflitos graves

Em todo caso, os regimes autoritários, que ainda não são democráticos — ou pelo menos não efetivamente — estariam na defensiva, e a democracia inevitavelmente ganharia terreno.

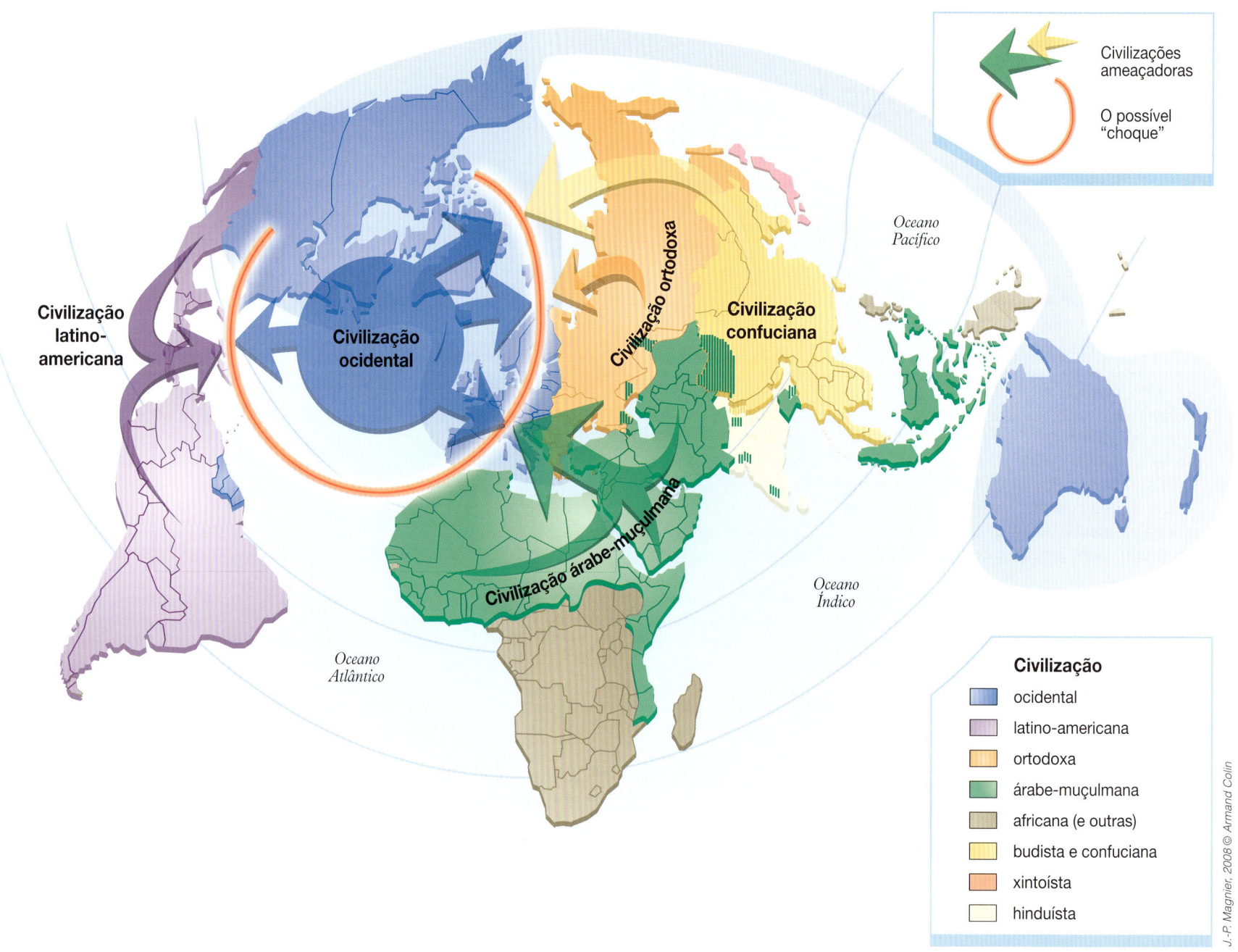

A TESE DO **"CHOQUE DAS CIVILIZAÇÕES"**

Depois da queda do muro de Berlim, em novembro de 1989, e da dissolução da União Soviética, em dezembro de 1991, um vento de otimismo invade o Ocidente. Uma "nova ordem internacional" vai nascer, os "valores universais" vão inspirar a "comunidade internacional". Segundo o analista Francis Fukuyama, será "o fim da História", por falta de desacordos e opositores.

Samuel Huntington, outro famoso *expert* das relações internacionais, se posiciona no contrapé desse idealismo. Ele alerta, ao contrário, para o risco de um choque entre oito civilizações que não partilham os mesmos valores, e notadamente entre as civilizações ocidental, islâmica e confuciana (as cinco outras, de acordo com ele, seriam: a latino-americana, a africana, a hindu, a eslavo-ortodoxa e a nipônica).

Otimistas, universalistas e mundialistas ficaram escandalizados. Huntington considera-os ingênuos. Seus opositores o acusam de induzir ao confronto, de formular uma "profecia autorrealizadora", quando, ao contrário, o que ele pretende é advertir. Os realistas não acreditam em uma aliança Islã-China antiocidental.

O início dos anos 1990 parece dar razão a Fukuyama: o crescimento econômico, a presidência de Clinton, a crença nas Nações Unidas, o processo de paz no Oriente Médio, a generalização das telecomunicações e a expansão da Internet.

Mas o assassinato de Yitzhak Rabin e o fracasso do processo de paz no Oriente Médio, o fiasco da conferência da ONU contra o racismo em Durban, a virada da opinião pública nos Estados Unidos (eleições para o Senado em 1996, e presidenciais em 2000), a estagnação da Europa, a expansão do terrorismo islâmico, e, certamente, o atentado de 11 de Setembro da Al Qaeda contra as Torres Gêmeas, em Nova York, lembram que Huntington talvez tenha enxergado mais longe.

Desde então, tudo acontece como se — embora declarando rejeitar a "teoria" do choque de civilizações — um grande número de ocidentais, na esteira da administração Bush e dos neoconservadores, partilhasse do pensamento huntingtoniano e dele tirasse conclusões bem particulares.

A teoria de Samuel Huntington parece confirmada pelo 11 de Setembro

Os islâmicos fundamentalistas têm, simetricamente, uma posição igualmente radical e, como fizeram os cristãos por muito tempo, dividem o mundo entre fiéis e infiéis.

Outros ocidentais, bem como os muçulmanos moderados, negam tal perspectiva (essa "teoria") em nome do universalismo, mas, sobretudo, porque ela os preocupa.

Outros, por fim, estimam que o choque Islã-Ocidente, ao contrário, é um risco sério devido às minorias fanáticas e a uma profunda ignorância mútua que predispõe à desconfiança. Estes não combatem a "teoria", mas tentam afastar o risco e neutralizar os conflitos, propondo, para começar, a paz no Oriente Médio e preconizando o diálogo.

Assim, em 2005 Kofi Annan, então secretário geral das Nações Unidas, cria uma Aliança das Civilizações, para combater esse risco por meio da educação e dos meios de comunicação; a Aliança propõe a redação de um Livro Branco sobre o Oriente Médio. Na realidade, esse risco existirá ainda por muito tempo. Políticas ocidentais judiciosas poderiam contê-lo ou marginalizá-lo, ao invés de alimentá-lo.

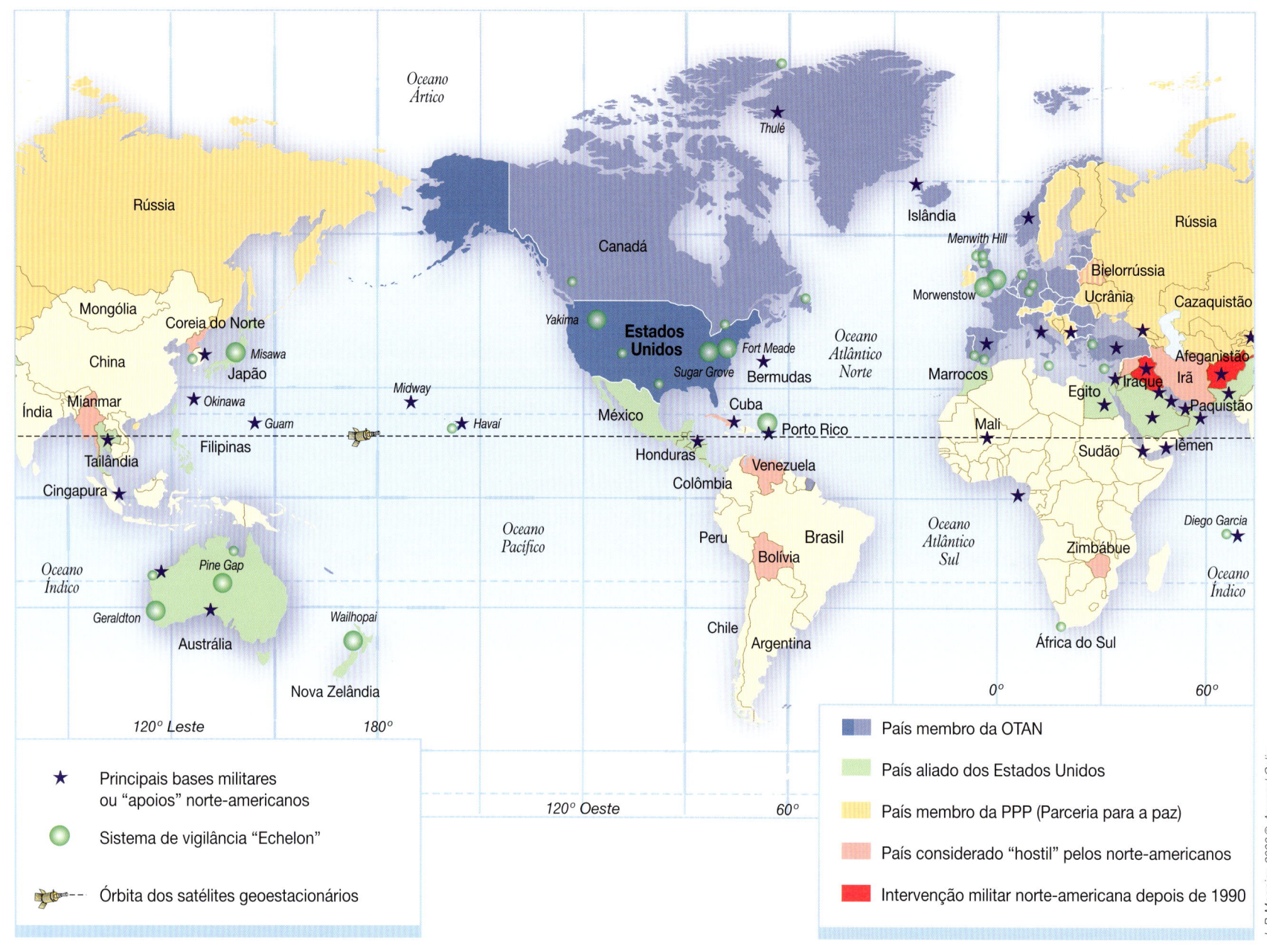

A TESE DO "MUNDO UNIPOLAR"

Desde o fim da União Soviética, em dezembro de 1991, os Estados Unidos são a única superpotência — que podemos até chamar de "hiperpotência" —, e o polo central do mundo. Alguns falam então — como defensores ou opositores, de um "mundo unipolar". Mas os Estados Unidos chegaram a tal situação mais por causa dos encadeamentos da história do que por vontade própria.

Ao fim de seu mandato como primeiro presidente dos Estados Unidos da América, em 1799, George Washington alerta seus compatriotas para os conflitos da Europa e os exorta a não se envolverem neles. Os Estados Unidos seguem essa linha em relação à Europa até que passam a considerar vital para si mesmos um engajamento ao lado da Grã-Bretanha e de seus aliados depois de hesitarem até 1917 e depois até 1941.

Durante o século XIX, eles se empenham em conquistar "o Oeste", tarefa que termina em 1890. Depois, na virada do século, estabelecem sua influência, ou seu protetorado, em detrimento da Espanha em sua própria área geográfica: Caribe, América Central, e então nas ilhas do Pacífico e nas Filipinas.

Após a vitória em 1918, o presidente Wilson, intervencionista e idealista, inspira a criação da Sociedade das Nações. Entretanto, o Senado, que permanecia isolacionista, não o segue. Os Estados Unidos se retiram da Sociedade das Nações. É o ataque japonês à frota norte-americana em Pearl Harbor, no Havaí, em 7 de dezembro de 1941, que permite ao presidente Roosevelt empenhar os Estados Unidos numa guerra total contra o regime nazista e o militarismo japonês — guerra na qual obterão, junto com seu aliado soviético, a capitulação da Alemanha nazista em 8 de maio de 1945 e do Império nipônico, em 2 de setembro de 1945. Depois dessa guerra, contrariamente à primeira, os Estados Unidos se organizam para continuar na Europa: criando em 1948 a Organização Europeia de Cooperação Econômica (OCDE) para administrar o Plano Marshall, destinado a impedir que a Europa Ocidental se voltasse para o comunismo; e criando também a OTAN (Organização do Tratado do Atlântico Norte, de 1949) para dissuadir a União Soviética de dominar a Europa. A partir de então — e até hoje — os Estados Unidos assumem a segurança ocidental. Eles cercam a União Soviética com uma série de pactos militares destinados a "contê-la" com a constante modernização do armamento nuclear. No Terceiro Mundo, eles se opuseram à influência soviética por 45 anos, até o fim desse regime.

Quando a União Soviética se desfaz, em dezembro de 1991, os Estados Unidos permanecem a única das duas superpotências da guerra fria. Esse papel, somado a seu arsenal nuclear, sua superioridade militar absoluta, seu poder econômico, o peso do dólar na economia internacional, seu papel de propulsor na expansão mundial da economia de mercado, seu *soft power* (cultura, língua, cinema, modo de vida, universidades, influência intelectual): tudo concorre para fazer dos Estados Unidos, nos anos 1990, o polo central de um mundo unipolar.

As declarações francesas e de outros sobre um *mundo multipolar* são recebidas nos Estados Unidos não como um prognóstico contestável, mas como um programa hostil. O 11 de Setembro é a prova de que até uma hiperpotência é vulnerável ao terrorismo suicida. O fiasco no Iraque também lembra que uma hiperpotência pode se equivocar e se confundir. A ascensão da China preocupa. Contudo, muitos

> *Tudo concorre para fazer dos Estados Unidos o polo central de um mundo unipolar*

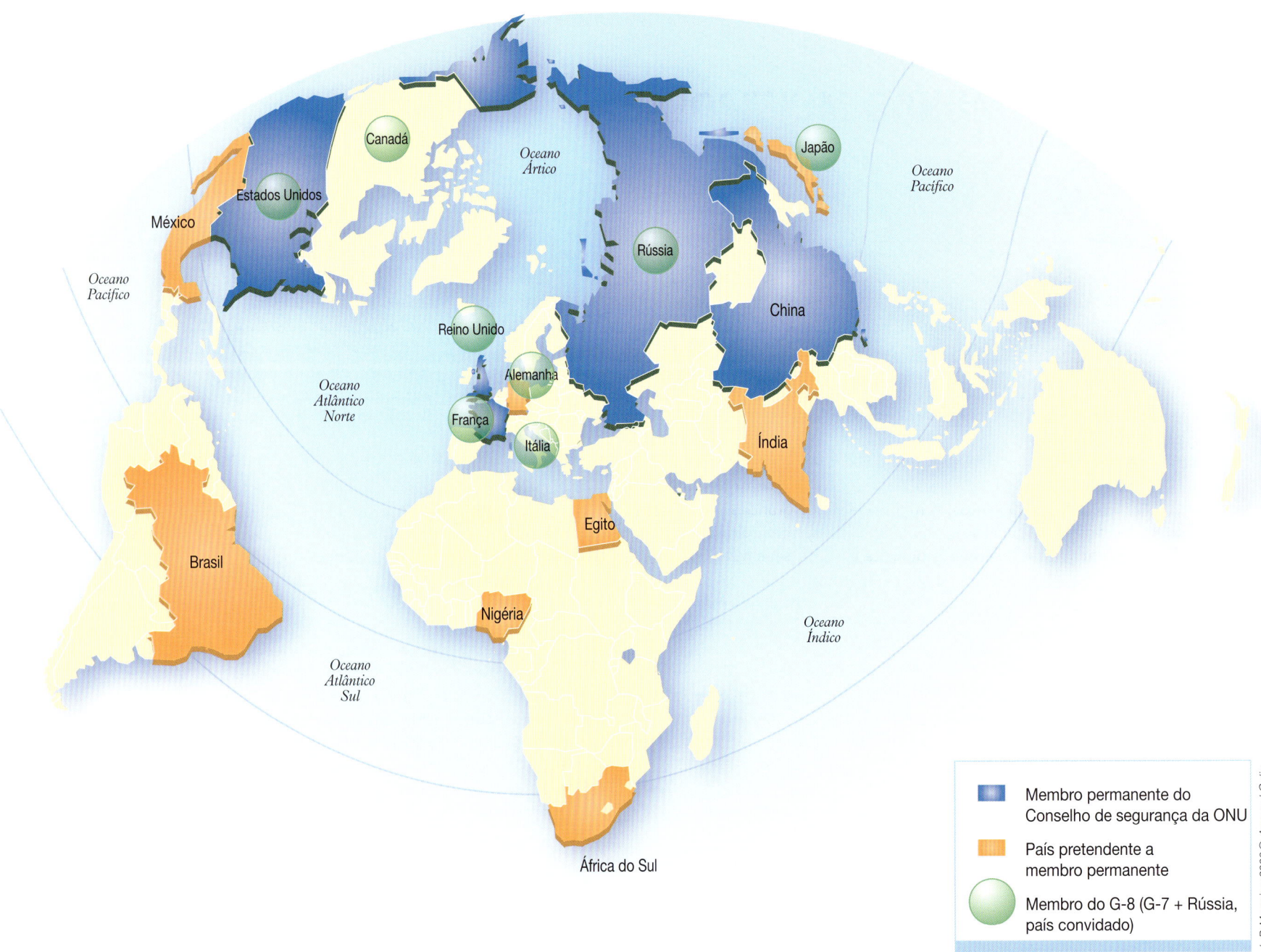

A TESE DO "MUNDO MULTIPOLAR"

norte-americanos (e não só eles) continuam pensando, ainda que outras potências surjam, que os Estados Unidos permanecerão — e devem permanecer —, no interesse de todos, a potência dominante, um polo acima dos demais.

De 1945 a 1991 os Estados Unidos e a União Soviética se confrontaram numa "guerra fria". Depois de 1991, os Estados Unidos se transformaram na potência dominante de um mundo unipolar. Para alguns, ainda é assim. Mas, para outros, o mundo já é, ou vai se tornar, "multipolar".

Para a França — notadamente durante a presidência de Jacques Chirac (1995-2007), que coincide com a manifestação evidente da supremacia norte-americana —, um mundo multipolar é desejável para contrabalançar e equilibrar o poderio norte-americano. Por isso mesmo, os Estados Unidos consideram essa expressão pouco amigável.

Na realidade, a emergência de novos mastodontes econômicos é uma evidência: China, Índia, mas também Brasil, África do Sul e a retomada de força da Rússia, que foi cedo demais considerada fora do jogo, nos anos 1990. A afirmação desses polos já se observa no seio da OMC (Organização Mundial do Comércio) e em outros lugares. Os países emergentes reclamam o aumento de seu direito de voto no FMI (Fundo Monetário Internacional). Diversos países se candidatam a membros permanentes do Conselho de Segurança da ONU. Os membros do G-7, atualmente G-8, sentem-se cada vez mais na obrigação de incluir os grandes países emergentes em uma parte de seus trabalhos (ora o G-13 ora o G-20). Todo o sistema multilateral de 1945 é contestado.

Mas a emergência de novas potências, por si só, não constitui um mundo multipolar estável. Diversas questões se impõem. Os EUA permanecerão claramente o polo dominante? Ou acabarão sendo alcançados, e talvez sendo ultrapassados, pela China (o que parece possível no que concerne aos resultados econômicos previstos para meados do século XXI, mas pouco provável no que concerne ao *soft power*)? Que relações vão se estabelecer entre Estados Unidos, China, Japão, Índia, Rússia, Brasil e Europa? Veremos alianças entre polos, e talvez conflitos? A "Organização de Xangai" é, por exemplo, um fórum de cooperação sino-russa. Quais serão as relações desse "sistema multipolar", se ele acontecer, ou dos diversos polos com os cerca de 180 outros Estados membros do sistema multilateral (150 países na OMC, 192 na ONU)?

Os polos de amanhã serão respectivamente os líderes de um grupo, de uma região (Brasil na América Latina, África do Sul e Nigéria na África, por exemplo), ou assistiremos à formação de uma espécie de diretório de novos polos, como se falou (aliás, excessivamente) de diretório para o G-7? No momento, nenhuma hipótese pode ser descartada.

> *Assistiremos à formação de um diretório de potências regionais?*

A TESE DO "MUNDO MULTIPOLAR"

A Europa representa um problema particular. A despeito do hábito arraigado de se falar "da Europa" como uma entidade singular já constituída, de algumas menções atualmente não é certo que a Europa irá se firmar como um polo do mundo multipolar de amanhã. Ela tem potencial estatístico para tanto: 450 milhões de habitantes e um PIB somado de 14.615 bilhões de dólares. Sua política comercial externa tem um grande peso. Mas a Europa não será os "Estados Unidos da Europa". Seus Estados-membros representam identidades antigas e fortes, sem comparação com as treze colônias norte-americanas do início, que não representavam treze povos diferentes. A integração europeia, já forte, não vai além do Tratado de Lisboa (2007). Mais importante, os europeus, em sua maioria, depois de 1945, recorreram aos Estados Unidos para sua segurança, sua defesa e sua diplomacia. Muitos quiseram virar a página das políticas de potência, pelo menos no que concerne à Europa, e rejeitam a ideia de voltar a ser uma, ainda que, quando falam de uma Europa potência, trate-se de defender os interesse legítimos dos europeus e exercer uma influência reguladora num mundo atormentado por uma globalização enriquecedora mas desestabilizante. Se os europeus não decidirem fazer da Europa uma potência, esta não será um polo amanhã, nem a parceira de uma nova aliança euro-americana. Será apenas uma região do conjunto ocidental sob a liderança do polo dominante norte-americano.

> *A Europa será um polo mundial no futuro?*

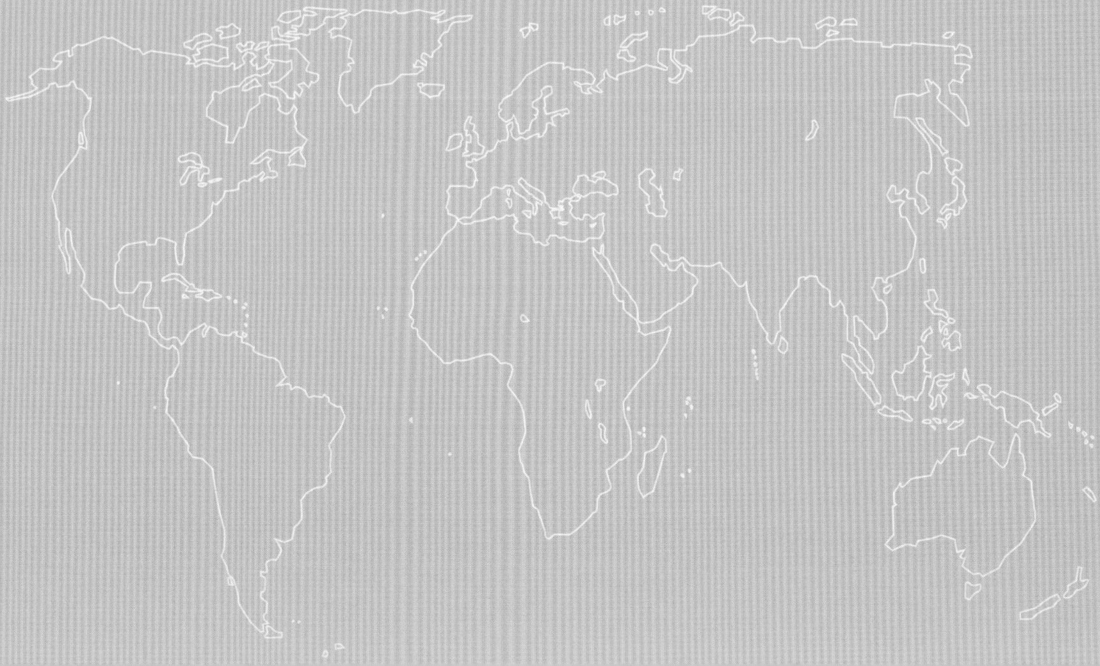

3

Os dados globais

Esta seção contém dados objetivos sobre a situação do Planeta e suas prováveis evoluções. É a partir do conhecimento mais preciso possível que se pode compreender os riscos e tentar encará-los da maneira mais pertinente. Diante de todas essas problemáticas, o futuro do Planeta dependerá em grande parte do modo como vão reagir as diferentes nações, conjuntamente ou não, por suas ações próprias e no seio das organizações multinacionais.

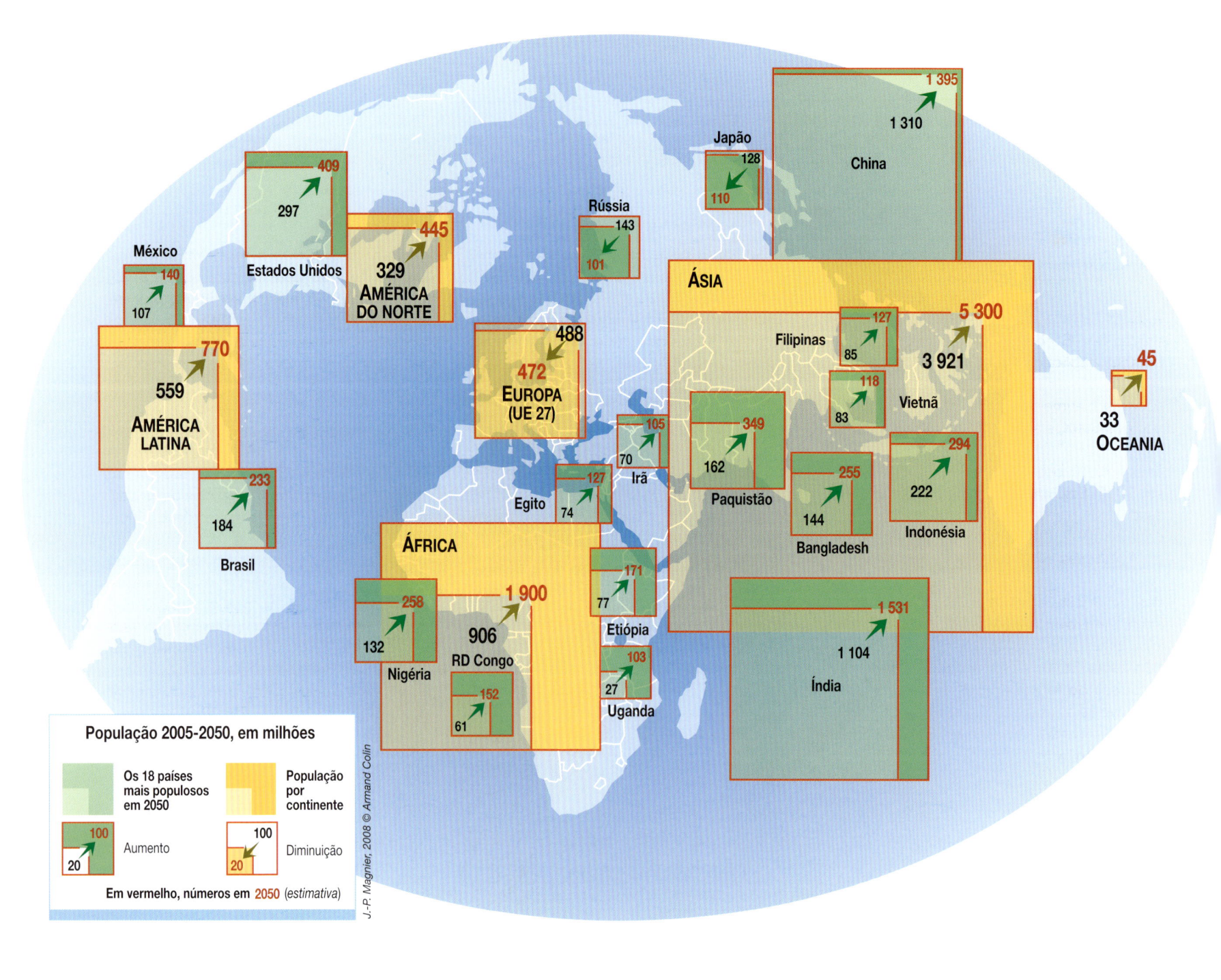

População 2005-2050, em milhões

América Latina: 559 → 770
- México: 107 → 140
- Brasil: 184 → 233

América do Norte: 329 → 445
- Estados Unidos: 297 → 409

Europa (UE 27): 488 → 472

Rússia: 143 → 101

África: 906 → 1 900
- Nigéria: 132 → 258
- RD Congo: 61 → 152
- Egito: 74 → 127
- Etiópia: 77 → 171
- Uganda: 27 → 103

Ásia: 3 921 → 5 300
- China: 1 310 → 1 395
- Japão: 128 → 110
- Irã: 70 → 105
- Paquistão: 162 → 349
- Índia: 1 104 → 1 531
- Bangladesh: 144 → 255
- Filipinas: 85 → 127
- Vietnã: 83 → 118
- Indonésia: 222 → 294

Oceania: 33 → 45

Legenda:
- Os 18 países mais populosos em 2050
- População por continente
- Aumento / Diminuição
- Em vermelho, números em 2050 (estimativa)

J.-P. Magnier, 2008 © Armand Colin

POPULAÇÃO

A população mundial permaneceu estável ao longo do primeiro milênio e somente em 1800 chegou a 1 bilhão de habitantes. É nessa época, em 1798, que Malthus publica o ensaio no qual prediz que a Terra não terá recursos suficientes para suportar o aumento da população. E, a partir do século XIX, ela conheceu um crescimento ininterrupto: 1,7 bilhões em 1900; 2 bilhões em 1925; 4 bilhões em 1975; 6,5 bilhões em 2005. Esse crescimento global não deve esconder as diferenças de continente para continente.

As últimas avaliações demográficas estimam que o Planeta deve ter uma população de 9 bilhões de habitantes em 2050, antes de provavelmente se estabilizar. Mas 96% do crescimento demográfico no período 2000-2050 concerne aos países do Sul; os países do Norte devem estagnar ou até declinar, com a notável exceção dos Estados Unidos, que continuarão a se beneficiar com o aporte de uma imigração regular.

Estamos longe das previsões feitas pelos demógrafos nos anos 1960-1981, que anunciaram, para 2050, uma população mundial entre 25 e 50 bilhões de habitantes! O continente africano deveria ser o único a conhecer uma elevação de sua parte relativa da população. O número de africanos deve dobrar em 50 anos se a pandemia de Aids, que gera um recuo demográfico importante na população de certos países, for controlada. A Ásia continua sendo o centro de gravidade mundial, com 5,3 bilhões de habitantes, 60% da população do mundo; a Índia, por fim, deve ultrapassar a China, com 1,5 bilhões contra 1,4 bilhões.

A Europa corre o risco de se tornar um "anão demográfico", uma vez que não representará mais que 7% da população mundial, contra 12% em 2000. A Rússia representa um caso extremo de declínio demográfico acentuado; a população russa não para de decrescer, passando de 148 milhões de habitantes em 1989 para 143 milhões em 2005, e com previsões de 101 milhões em 2050. A Rússia passaria assim do 6° para o 18° lugar no ranking mundial de população.

A Ásia continua sendo o centro de gravidade mundial, com 5,3 bilhões de habitantes

O Japão, igualmente, deve perder 25% de sua população até 2050. Na maior parte dos países, a fertilidade deve cair para menos de 2,1 filhos por mulher (índice para a renovação das gerações) por volta de 2025, sobretudo nas sociedades em que o trabalho das mulheres é dificilmente compatível com o fato de terem filhos. Corremos o risco de passar do medo de uma eventual superpopulação mundial às preocupações relativas a uma eventual redução da mesma e aos problemas do envelhecimento; ou ainda de termos os dois tipos de problema.

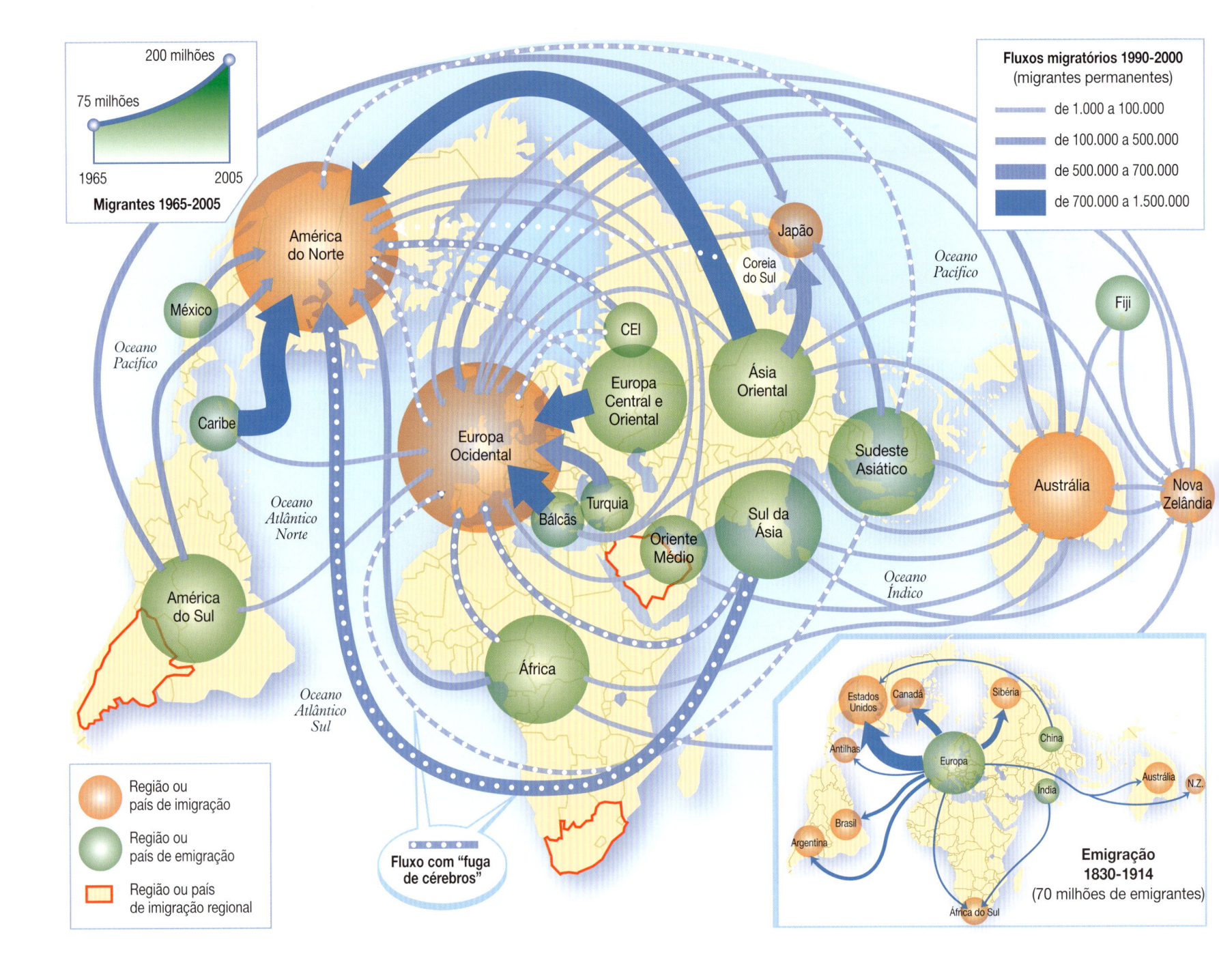

Fluxos migratórios 1990-2000
(migrantes permanentes)

- de 1.000 a 100.000
- de 100.000 a 500.000
- de 500.000 a 700.000
- de 700.000 a 1.500.000

Migrantes 1965-2005: 75 milhões (1965) → 200 milhões (2005)

Regiões e países identificados no mapa:
- **Imigração**: América do Norte, Europa Ocidental, Japão, Austrália, Nova Zelândia
- **Emigração**: México, Caribe, América do Sul, África, CEI, Europa Central e Oriental, Bálcãs, Turquia, Oriente Médio, Sul da Ásia, Ásia Oriental, Coreia do Sul, Sudeste Asiático, Fiji
- **Imigração regional**: (contornos em vermelho)

Oceanos: Oceano Pacífico, Oceano Atlântico Norte, Oceano Atlântico Sul, Oceano Índico

Legenda
- Região ou país de imigração
- Região ou país de emigração
- Região ou país de imigração regional
- Fluxo com "fuga de cérebros"

Emigração 1830-1914
(70 milhões de emigrantes)

Origem: Europa, China, Índia, África do Sul
Destinos: Estados Unidos, Canadá, Sibéria, Antilhas, Brasil, Argentina, Austrália, N.Z.

MIGRAÇÕES INTERNACIONAIS

De acordo com a ONU, o migrante é uma pessoa que se instalou há mais de um ano em um país diferente daquele do qual é cidadão.

Sem voltar ao que antigamente se chamava de "grandes invasões" da Alta Idade Média (séculos V a X), podem-se distinguir três grandes épocas nas migrações internacionais. Nos séculos XVI e XVII, os fluxos migratórios se desenvolvem paralelamente ao crescimento do comércio e da colonização. Há motivações comerciais (concessões) ou religiosas (missionários) às quais se somam as migrações voluntárias de povoamento e de conquista colonial dos europeus. Há igualmente migrações forçadas, destinadas a suprir as necessidades populacionais e de força de trabalho nas colônias.

A industrialização do século XIX vai acelerar os fluxos migratórios. Os transportes tornam-se menos custosos e mais fáceis. As depressões econômicas ou as carestias na Europa dão origem a importantes fluxos de partida. 60 milhões de europeus vão se estabelecer na América ao longo do século XIX. Ao final deste mesmo século, a imigração asiática, notadamente chinesa, igualmente se desenvolve. Na aurora da Primeira Guerra Mundial, os imigrantes representam 5% da população. Os fluxos migratórios vão diminuir na primeira metade do século XX. A Primeira Guerra Mundial e a crise de 1929 suscitam retrocessos nacionalistas que dificultam ou impossibilitam as migrações. Mas elas voltam a aumentar nos anos 1950. Em 1965, os migrantes são 75 milhões, ou seja, 2,3% da população, chegando aos 200 milhões em 2005, isto é, 3% da população mundial.

Desde então, são os países do Sul que fornecem o essencial da população migrante, por razões econômicas. Do século XIX ao XX, com efeito, os fluxos migratórios inverteram-se. De Norte-Sul ou Norte-Norte, transformaram-se em Sul-Norte e Sul-Sul. Os países de emigração tornaram-se países de imigração, com exceção dos Estados Unidos. A motivação dos migrantes ainda é principalmente econômica: foge-se da miséria. Procura-se uma vida melhor. Aos migrantes econômicos é preciso somar os refugiados e deslocados por causa de conflitos. Em 2005, foi recenseada uma imigração Sul-Sul (61 milhões de pessoas), Sul-Norte (62 milhões), Norte-Sul (14 milhões), e Norte-Norte (53 milhões). 63% dos migrantes residem em países desenvolvidos. Os Estados Unidos continuam sendo o primeiro país do mundo em imigração, com 35 milhões de residentes nascidos no estrangeiro, ou seja, 12% da população do país. O problema da "fuga de cérebros" coloca-se com uma acuidade nova: a mão-de-obra qualificada dos países do Sul tem mais oportunidade no Norte. Mas esse êxodo da mão-de-obra qualificada torna o desenvolvimento do Sul ainda mais problemático. É preciso notar também o desenvolvimento de um novo tipo de imigração temporária, a dos estudantes estrangeiros inscritos nas universidades dos países desenvolvidos, imigração ao mesmo tempo Sul-Norte e Norte-Norte. Por fim, as modificações do clima podem causar ao longo das décadas futuras migrações e refugiados ecológicos.

As modificações climáticas poderão causar migrações ecológicas

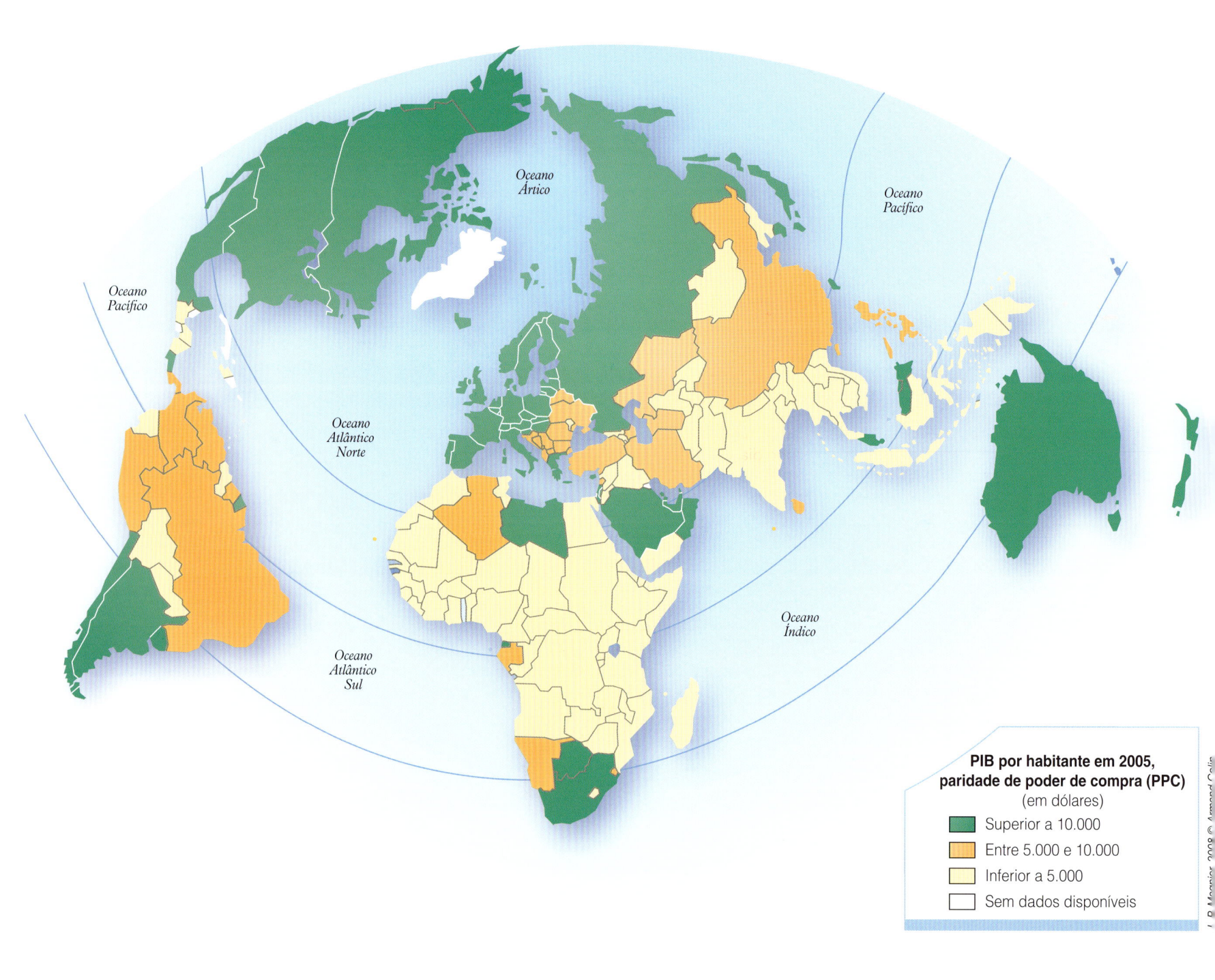

PIB por habitante em 2005, paridade de poder de compra (PPC)
(em dólares)

- Superior a 10.000
- Entre 5.000 e 10.000
- Inferior a 5.000
- Sem dados disponíveis

DESIGUALDADES NORTE-SUL

Embora a expressão Terceiro Mundo não tenha mais o sentido global que tinha há 30 anos, as desigualdades Norte-Sul permanecem uma realidade. Contudo, as desigualdades econômicas podem ser igualmente Sul-Sul. Nos anos 1970, pensava-se que o Sul iria se recuperar de seu atraso, considerado meramente cronológico em termos de desenvolvimento. Se alguns países conseguiram sua decolagem industrial e outros se beneficiam da renda petroleira, por outro lado, as desigualdades entre ricos e pobres se aprofundaram. Antes da Revolução Industrial, a distância entre a receita por habitante na Europa, na África e no Extremo Oriente não ultrapassava os 30%. A primeira revolução industrial agravou essa diferença da receita por habitante nos países mais ricos e mais pobres: essa relação, que era de 1 para 10 no final do século XIX, passou então para 1 para 50. Um país que não dispõe da infraestrutura básica em temos de educação, transporte, saúde ou administração do Estado não tem condições de se desenvolver e, portanto, não pode se prover dessa infraestrutura indispensável: é a "armadilha da pobreza". De acordo com o Programa das Nações Unidas para o Desenvolvimento (PNUD), 1,2 bilhão de indivíduos vivem com menos de 1 dólar por dia, e 2,8 bilhões com menos de 2 dólares por dia. O patrimônio das quinze pessoas mais ricas do mundo ultrapassa o PIB anual total de toda a África subsaariana. 900 milhões de adultos são analfabetos, e 98% deles vivem nos países do Sul. A taxa de mortalidade infantil é de 7 para cada 1.000 nos Estados Unidos, e de 126 para cada 1.000 no Mali. A pobreza também se traduz pelas desigualdades diante da doença: 95% dos aidéticos estão no sul do planeta. Os 20% do Norte consomem 60% da energia mundial. As desigualdades também são gritantes dentro das fronteiras de um país, e também estão aumentando.

Para lutar contra as desigualdades Norte-Sul, foi decidido na Conferência Rio-92 que os países ricos destinariam 0,7% de seu PIB para ajudar o desenvolvimento. Em setembro de 2000, a ONU proclama a Declaração do Milênio, visando diminuir pela metade a pobreza extrema, e em dois terços a mortalidade infantil até 2015. Hoje, sabe-se que é muito pouco provável que esses compromissos sejam cumpridos. A globalização teve por efeito o aumento simultâneo da riqueza global e de sua própria distribuição tornando essa crescente disparidade conhecida da maior parte das pessoas.

A globalização aumentou simultaneamente a riqueza e as desigualdades

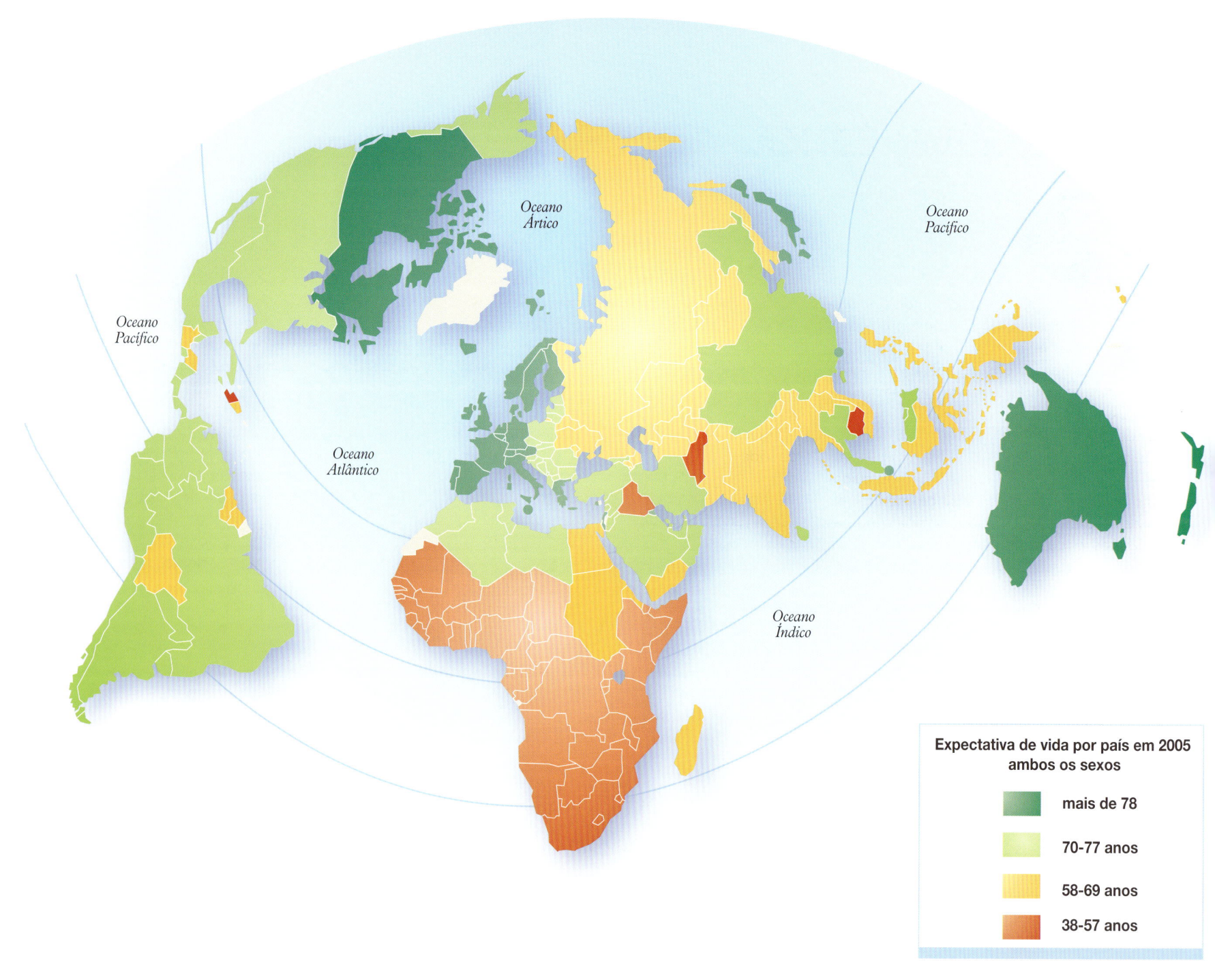

Oceano Pacífico
Oceano Ártico
Oceano Pacífico
Oceano Atlântico
Oceano Índico

Expectativa de vida por país em 2005 ambos os sexos

- mais de 78
- 70-77 anos
- 58-69 anos
- 38-57 anos

Saúde pública

Os indicadores de saúde pública no mundo apresentam um quadro extraordinariamente contrastante, quer se trate da taxa de mortalidade infantil e da expectativa de vida ao nascer, da longevidade em boa saúde, da exposição a doenças infecciosas e às grandes pandemias (paludismo, tuberculose, diarreia infantil, Aids), quer se trate ainda das políticas de saúde pública para a prevenção ou cuidados, da densidade hospitalar ou médica, ou ainda da proteção da saúde humana contra as poluições e outras manifestações perigosas, causadores de uma verdadeira "pandemia", segundo a revista The Lancet.

Nos países ricos, a mortalidade neonatal e infantil é muito baixa. A expectativa de vida é muito alta e não para de aumentar. Os cuidados e equipamentos são de qualidade. O risco de ser vítima de doenças infecciosas é baixíssimo. Consequentemente, a mortalidade tardia explica-se, sobretudo em populações cada vez mais idosas, por doenças cardiovasculares, cânceres e doenças degenerativas. O modo de vida sedentário e a superalimentação de má qualidade (açúcares, sal, gordura, trash food) deram origem a uma epidemia de sobrepeso e obesidade, espetacular nos Estados Unidos, e que se expande no mundo desenvolvido e emergente.

As populações de países "em desenvolvimento" (nome que frequentemente é um eufemismo), ao contrário, acumulam todas as deficiências. Tendo em vista sua expectativa de vida, elas raramente têm a possibilidade de morrer de câncer ou infarto, ao passo que são vítimas pela desnutrição, doenças infecciosas diversas e carências, em decorrência de acidentes, etc., e evidentemente não encontram em seu país o equipamento e o pessoal necessário para a assistência. A ajuda internacional, algumas organizações do sistema das Nações Unidas (Organização Mundial de Saúde — OMS; Organização para a Agricultura e a Alimentação — FAO, na sigla em inglês; Programa das Nações Unidas para o Meio Ambiente — Pnuma; Unicef; Programa Alimentar Mundial — PAM) e as ONGs humanitárias mais sérias suprem parte desse déficit.

Os países "emergentes" estão, por definição, entre esses dois extremos. Contudo, a média mundial entre esses mundos tão contrastantes (ricos e pobres) evidencia, mesmo na África, onde a Aids provoca os maiores estragos (consequência da epidemia avaliada um pouco menor em 2007), uma elevação da expectativa de vida e um aumento da longevidade. De acordo com os projetos demográficos atuais, a população africana vai aumentar; o mesmo acontece com a da China, embora esta última esteja envelhecendo rápido. Ainda há de 2 a 3 bilhões de seres humanos pelos quais é preciso fazer quase tudo. Talvez um dia os problemas de saúde pública da humanidade sejam, em sua maioria, os problemas das populações idosas... mas, daqui até lá, a própria faixa etária de início da velhice já terá recuado muito.

Ainda há 3 bilhões de pessoas pelas quais quase tudo ainda precisa ser feito

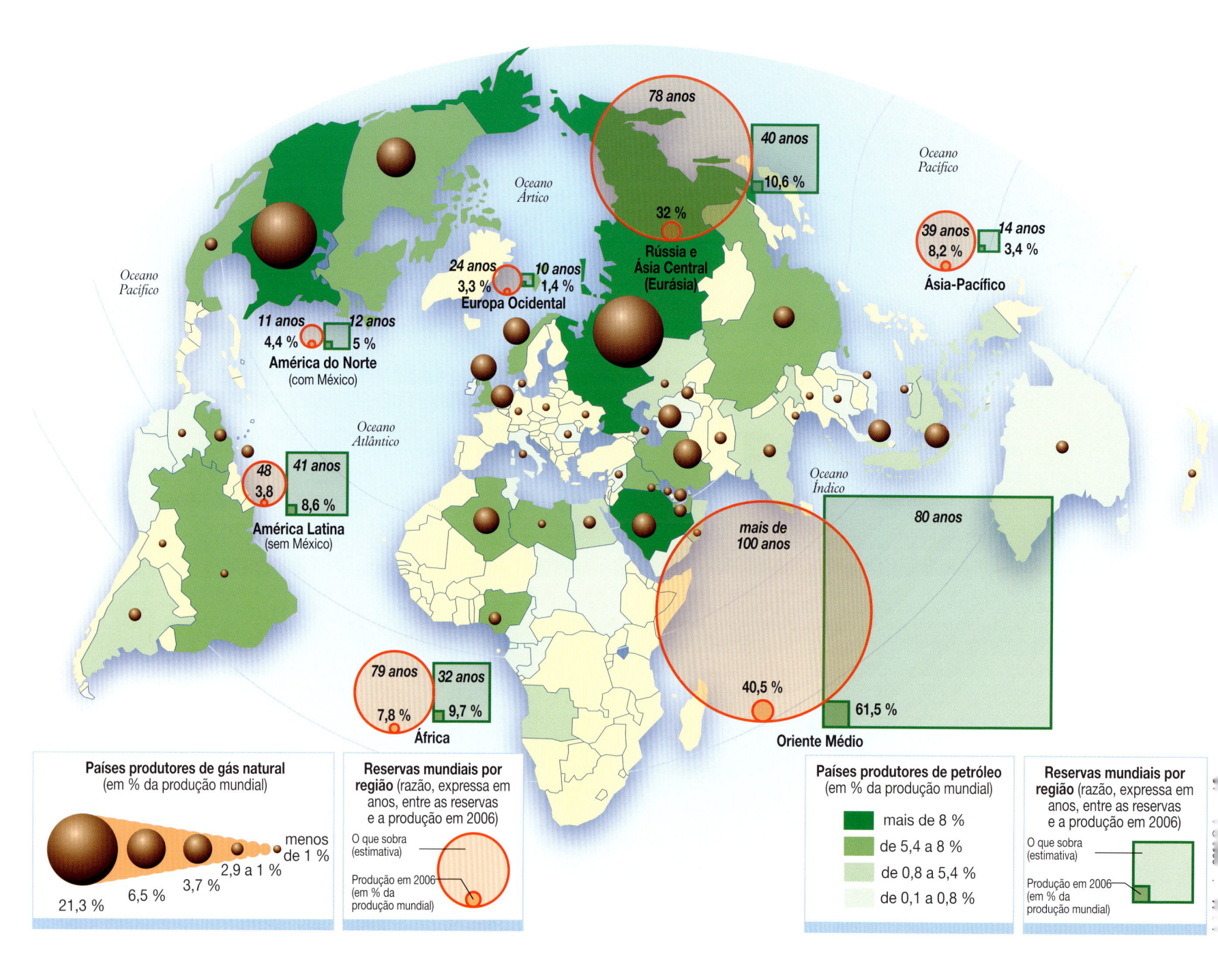

Produção e reservas mundiais de petróleo e gás natural

Rússia e Ásia Central (Eurásia): 78 anos / 32% ; 40 anos / 10,6%

Ásia-Pacífico: 39 anos / 8,2% ; 14 anos / 3,4%

Europa Ocidental: 24 anos / 3,3% ; 10 anos / 1,4%

América do Norte (com México): 11 anos / 4,4% ; 12 anos / 5%

América Latina (sem México): 48 anos / 3,8% ; 41 anos / 8,6%

África: 79 anos / 7,8% ; 32 anos / 9,7%

Oriente Médio: mais de 100 anos / 40,5% ; 80 anos / 61,5%

Legenda

Países produtores de gás natural (em % da produção mundial)
- 21,3%
- 6,5%
- 3,7%
- 2,9 a 1%
- menos de 1%

Reservas mundiais por região (razão, expressa em anos, entre as reservas e a produção em 2006)
- O que sobra (estimativa)
- Produção em 2006 (em % da produção mundial)

Países produtores de petróleo (em % da produção mundial)
- mais de 8%
- de 5,4 a 8%
- de 0,8 a 5,4%
- de 0,1 a 0,8%

Reservas mundiais por região (razão, expressa em anos, entre as reservas e a produção em 2006)
- O que sobra (estimativa)
- Produção em 2006 (em % da produção mundial)

Petróleo e gás

O século XX será amplamente lembrado como o século do petróleo, "o ouro negro", fonte de energia vital para o desenvolvimento econômico. Petróleo e gás suprem 60% das necessidades energéticas planetárias. As reservas de combustíveis fósseis são divididas geograficamente de modo desigual, muitas vezes concentradas em zonas geográficas instáveis. 65% das reservas de petróleo e 35% das de gás se situam no Oriente Médio.

Para os países produtores, a posse de recursos petrolíferos é um trunfo extraordinário, uma fonte de riqueza. Mas a renda petrolífera nem sempre permitiu o desenvolvimento econômico. Ela desperta a cobiça dos países consumidores. As margens de manobra política e diplomática dos países produtores. Podemos nos perguntar se a instabilidade estratégica da região não se deve, em grande parte, à riqueza de seu subsolo e ao interesse que ele suscita. As tensões geopolíticas atuais frequentemente têm alguma ligação com o petróleo — guerra do Iraque, braço de ferro com o Irã, tensões em torno da Venezuela, retomada do poder por parte da Rússia graças à posse de 30% das reservas mundiais de gás e de 10% das de petróleo. As potências ocidentais e asiáticas que dominam a economia mundial não dispõem de recursos energéticos suficientes para suprir suas necessidades e, assim, dependem de fornecedores externos.

Os Estados Unidos, que representam 5% da população mundial, consomem 25% do petróleo. Isso explica a amplitude de sua presença estratégica no golfo Pérsico há décadas.

A competição para se apropriar de recursos energéticos é tanto mais intensa à medida que a demanda mundial aumenta, ao passo que a oferta permanece estável, e até tende a declinar: as reservas de gás e petróleo conhecidas se esgotarão dentro de 40 a 70 anos. A chegada e o aumento de poder de novos consumidores (China, Índia), os fatores geopolíticos (guerra do Iraque, tensões no Irã) e a rarefação prevista das reservas constituem um fator constante para o aumento dos preços. O petróleo passou de 14 dólares o barril, no fim dos anos 1990, para cerca de 100 dólares no início de 2008. A China dobrou seu consumo nos dez últimos anos e, assim, compete com os EUA pelo abastecimento energético. A Índia também se torna uma grande importadora em função das necessidades de seu crescimento.

Depois da guerra do Yom Kippur de 1974, os membros da Organização dos Países Exportadores de Petróleo (Opep) quadruplicaram os preços líquidos e brandiram ameaças de um embargo. Mas os produtores — que muitas vezes não têm outras fontes de financiamento — e os consumidores têm interesses comuns, já que os primeiros precisam das compras dos últimos.

Enquanto os países do Golfo tentam diversificar suas economias, os Estados Unidos querem diminuir sua dependência do petróleo importado, garantindo o domínio estratégico de seus principais fornecedores.

> *As reservas conhecidas se esgotarão dentro de 40 a 70 anos*

Uso oficial do idioma

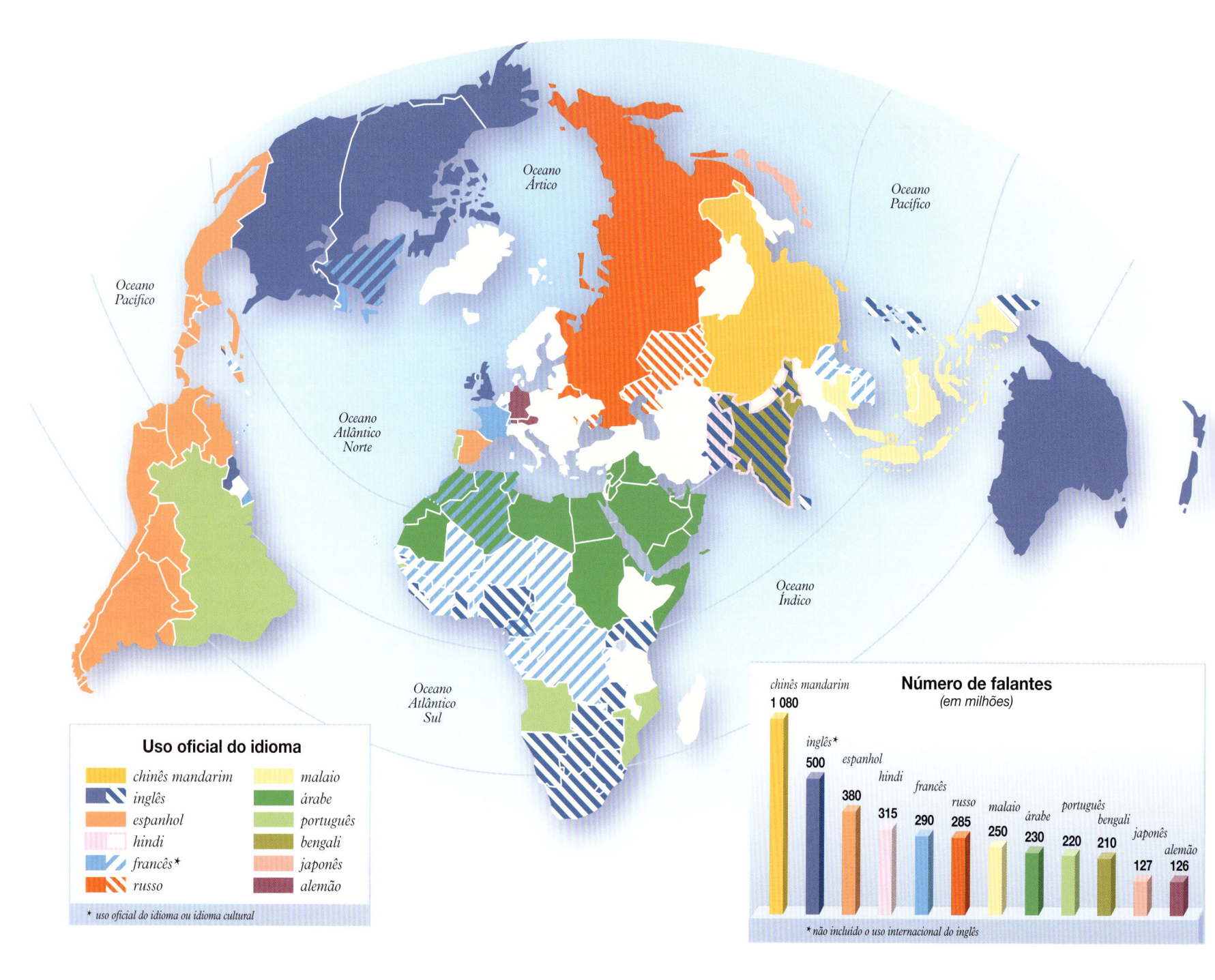

- chinês mandarim
- inglês
- espanhol
- hindi
- francês *
- russo
- malaio
- árabe
- português
- bengali
- japonês
- alemão

* uso oficial do idioma ou idioma cultural

Número de falantes
(em milhões)

- chinês mandarim: 1 080
- inglês*: 500
- espanhol: 380
- hindi: 315
- francês: 290
- russo: 285
- malaio: 250
- árabe: 230
- português: 220
- bengali: 210
- japonês: 127
- alemão: 126

* não incluído o uso internacional do inglês

As línguas no mundo

A língua é ao mesmo tempo uma ligação identitária interna e um vetor de influência exterior. A extensão de uma língua em escala internacional permite medir o prestígio de seu país de origem.

Do século XVII ao início do XX, o francês foi considerado a língua das elites internacionais da cultura e da diplomacia. Permaneceu como língua dominante no século XIX, embora a França tenha cedido o lugar de potência dominante à Grã Bretanha. O Tratado de Versalhes (1919), que encerra a Primeira Guerra Mundial, foi o primeiro grande documento diplomático a ser redigido em francês e em inglês, o que pode ser considerado uma "passagem do bastão" de uma língua para a outra. O sucesso da língua inglesa se deve ao fato de ser a língua de uma das principais potências europeias (a Grã Bretanha) e, ao mesmo tempo, da potência mundial ascendente, os Estados Unidos.

O uso de uma língua é reflexo de uma herança histórica, notadamente a dos impérios coloniais: África de língua francesa e inglesa, América Latina de língua portuguesa e espanhola. É igualmente produto da atratividade e do poder de um país. O inglês tornou-se hoje a língua universal graças a sua base colonial importante (África anglófona, Austrália, Nova Zelândia, Canadá, Estados Unidos).

O fenômeno da globalização acentuou a vantagem comparativa do inglês, que agora pode ser usado como língua veicular entre pessoas de diferentes línguas maternas, inclusive no interior de um mesmo Estado. O inglês — ou, antes, sua forma globalizada e simplificada, o *globish*, muito diferente do inglês literário — tornou-se, inegavelmente, a língua internacional das mídias, dos negócios e da cultura mundializada. É a língua da globalização.

Para calcular o poder linguístico, é preciso levar em conta não somente o número de locutores de uma língua, mas sobretudo sua implantação fora de seu país de origem e seu uso por aqueles de quem ela não é a língua natal. O chinês é certamente a língua mais falada no mundo, mas não é a língua dominante e não tem um verdadeiro estatuto internacional. Apesar da perda de seu estatuto de língua dominante, o francês continua sendo uma das duas grandes línguas de comunicação internacional, sendo a língua oficial de cerca de 30 países e conservando um espaço importante na área diplomática. O inglês é a língua oficial ou co-oficial de 60 países; há seis línguas oficiais na ONU (inglês, árabe, chinês, espanhol, francês e russo), reflexo também do número de locutores de cada uma. Segundo a Unesco, existem cerca de 6 mil línguas, mas desaparece em média uma por semana.

Das 6 mil línguas existentes, a cada semana desaparece uma

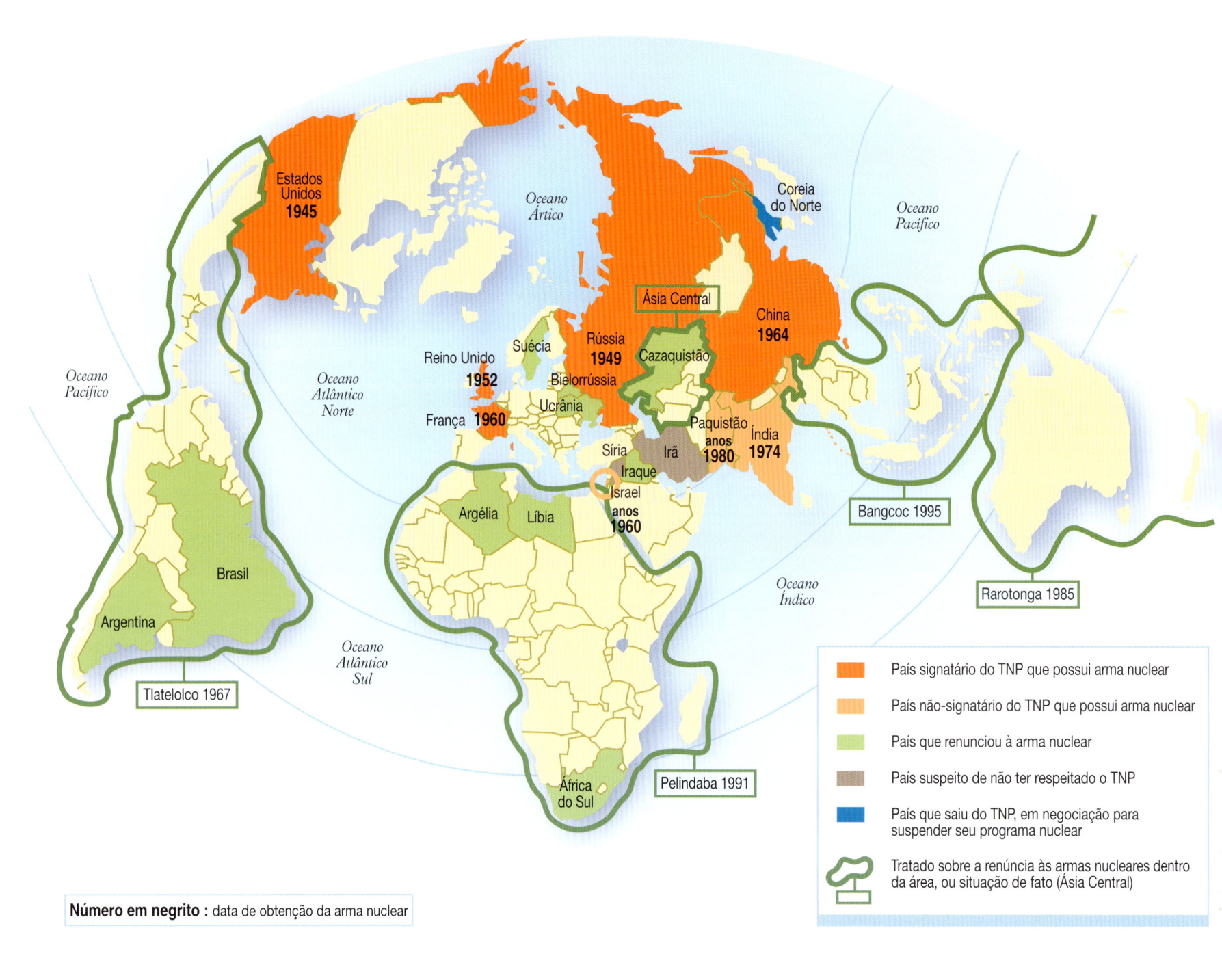

Mapa: Armas nucleares e o TNP (Tratado de Não Proliferação)

Oceanos e regiões indicados: Oceano Ártico, Oceano Pacífico, Oceano Atlântico Norte, Oceano Atlântico Sul, Oceano Índico.

Países com arma nuclear e datas de obtenção:
- Estados Unidos — 1945
- Rússia — 1949
- Reino Unido — 1952
- França — 1960
- China — 1964
- Índia — 1974
- Israel — anos 1960
- Paquistão — anos 1980
- Coreia do Norte

Outros países/regiões citados no mapa: Suécia, Bielorrússia, Ucrânia, Cazaquistão, Ásia Central, Síria, Iraque, Irã, Argélia, Líbia, Brasil, Argentina, África do Sul.

Tratados regionais de renúncia às armas nucleares:
- Tlatelolco 1967
- Pelindaba 1991
- Bangcoc 1995
- Rarotonga 1985

Legenda

- 🟧 País signatário do TNP que possui arma nuclear
- 🟧 (laranja claro) País não-signatário do TNP que possui arma nuclear
- 🟩 País que renunciou à arma nuclear
- ⬛ (marrom) País suspeito de não ter respeitado o TNP
- 🟦 País que saiu do TNP, em negociação para suspender seu programa nuclear
- ⬜ (contorno verde) Tratado sobre a renúncia às armas nucleares dentro da área, ou situação de fato (Ásia Central)

Número em negrito: data de obtenção da arma nuclear

As potências nucleares

A 6 de agosto de 1945, o bombardeio de Hiroshima pôs fim à Segunda Guerra Mundial e fez com que o mundo entrasse numa nova era estratégica: a era nuclear. A arma nuclear iria transformar a problemática guerra/paz. Com a arma nuclear, o objetivo não é mais ganhar as guerras, mas evitá-las. A dissuasão resulta do fato de que o cálculo custo/benefício que predomina nas guerras convencionais não tem mais sentido, pois um país se arrisca a ser completamente destruído se se lançar numa guerra contra um Estado nuclear. Os riscos potenciais são necessariamente maiores que os ganhos possíveis, e a amplitude da destruição dissuade qualquer impulso agressivo, o que assegura a paz. Mas também nos damos conta de que, com a bomba nuclear, a destruição de toda forma de vida sobre o planeta é uma possibilidade.

Contrariamente ao que os americanos esperavam, eles não ficaram por muito tempo com o monopólio das armas nucleares, quebrado pelos soviéticos em 1949. Os dois grandes se lançam então numa corrida, quantitativa e qualitativa, às armas nucleares, que origina arsenais gigantescos, bastante superiores às necessidades estritas da dissuasão. A Grã Bretanha (1952), a França (1960) e a China (1964) vão juntar-se a eles nesse "clube" das potências nucleares.

Há dois tipos de proliferação nuclear. A proliferação vertical é o aumento do número de armas nucleares no arsenal de Estados já nucleares. A proliferação horizontal é o aumento do número de Estados nucleares. O Tratado de Não-Proliferação Nuclear, em vigor desde 1970, tenta limitar ambos os tipos, por meio de um comprometimento das potências nucleares com a negociação de tratados que possam conduzir a um desarmamento nuclear, sendo que os países que não possuem a arma suprema devem aceitar não adquiri-la.

Este tratado foi acusado de ser injusto. Estados que baseiam sua segurança na dissuasão nuclear julgam que o acesso de outros países à arma atômica recolocaria em questão a segurança internacional. Eles estimam que o aumento do número de Estados nucleares multiplica os riscos de utilização da bomba. Três outros países (Índia, Paquistão e Israel) não assinaram o tratado e possuem armas nucleares. A África do Sul, que tinha um arsenal clandestino, desmantela-o após a queda do regime de *apartheid*. A Coreia do Norte, signatária do tratado, renunciou a ele por ter adquirido a bomba, depois reconsiderou. Suspeita-se de que o Irã, outro signatário, deseja se dotar da bomba, violando o compromisso de não-proliferação.

A proliferação de armas de destruição em massa é vista como uma das principais ameaças, particularmente pelos países ocidentais, pois poderia ameaçar radicalmente sua superioridade estratégica. Para os outros países, é uma questão menos sensível.

O objetivo da dissuasão nuclear não é mais ganhar as guerras, mas evitá-las

Tráfico de pessoas

- Principais fluxos
- País de origem do tráfico
- País de trânsito do tráfico
- País de destino do tráfico

Tráfico de drogas

- Zonas de destino
- Principais fluxos
- País produtor de coca
- País produtor de papoula
- Produção de *cannabis*
- Drogas químicas

J.-P. Magnier, 2008 © Armand Colin

CRIMINALIDADE

A mundialização também beneficia o crime organizado, definido pela Interpol como "toda empresa comprometida com uma atividade ilegal permanente, que não leva em conta fronteiras nacionais e cujo objetivo primeiro é o lucro". As máfias, que tinham antes uma base nacional e local, agem hoje em escala planetária, a fim de reforçar, face aos Estados, sua "parte no mercado do crime". Esses grupos se beneficiam das mudanças da globalização, da abertura de fronteiras, da desregulamentação e da financeirização da economia mundial. Ao lado da máfia siciliana, das *yakuzas* japonesas, das tríades chinesas, dos cartéis da droga bolivianos e colombianos, das máfias russas, que têm uma base nacional, mas estendem globalmente suas atividades, outros atores ilegais apareceram. Existem também movimentos armados, guerrilhas degeneradas que financiam sua guerra pelo tráfico ou fazem dele sua atividade principal. A conquista do poder deixa de ser o objetivo diante da constituição de uma renda feita da pilhagem dos recursos naturais e dos tráficos (petróleo, diamantes). Paralelamente às atividades tradicionais (tráfico de entorpecentes, armas e diamantes), desenvolveram-se novas atividades: o tráfico de seres humanos (escravidão sexual, imigração clandestina, etc.), a criminalidade financeira e, cada vez mais, a contrafação. Vemos igualmente formas de pirataria se desenvolverem novamente nos mares asiáticos. Essas ações, frequentemente violentas, são seguidas pela lavagem de dinheiro sujo, às vezes pela corrupção de administradores e responsáveis políticos de determinados Estados.

O comércio ilegal é estimado pelo Fundo Monetário Internacional em 2% a 5% da renda mundial, contra somente 1% há dez anos. Não contentes em criar uma insegurança em nível internacional, na escala nacional alguns desses atores podem representar uma concorrência direta com o Estado e seus órgãos, dada a força de seus meios. Em face de Estados frágeis, onde o sistema administrativo ou de segurança é fraco e/ou corrupto, sua margem de manobra é muito grande. Em dezembro de 2000, foi assinada em Palermo uma convenção das Nações Unidas contra a criminalidade internacional organizada; o Grupo de Ação Financeira Internacional sobre lavagem de dinheiro (Gafi) foi criado com o mesmo fim em 1987. Depois do 11 de Setembro, a atenção se voltou para o circuito do financiamento do terrorismo. Mas, no momento, os atores ilegais desenvolvem suas atividades com mais rapidez e eficácia que os Estados, mesmo havendo estes cooperado intensamente uns com os outros para um contra-ataque adequado.

As máfias agem atualmente em escala planetária

Número de espécies ameaçadas em 2008

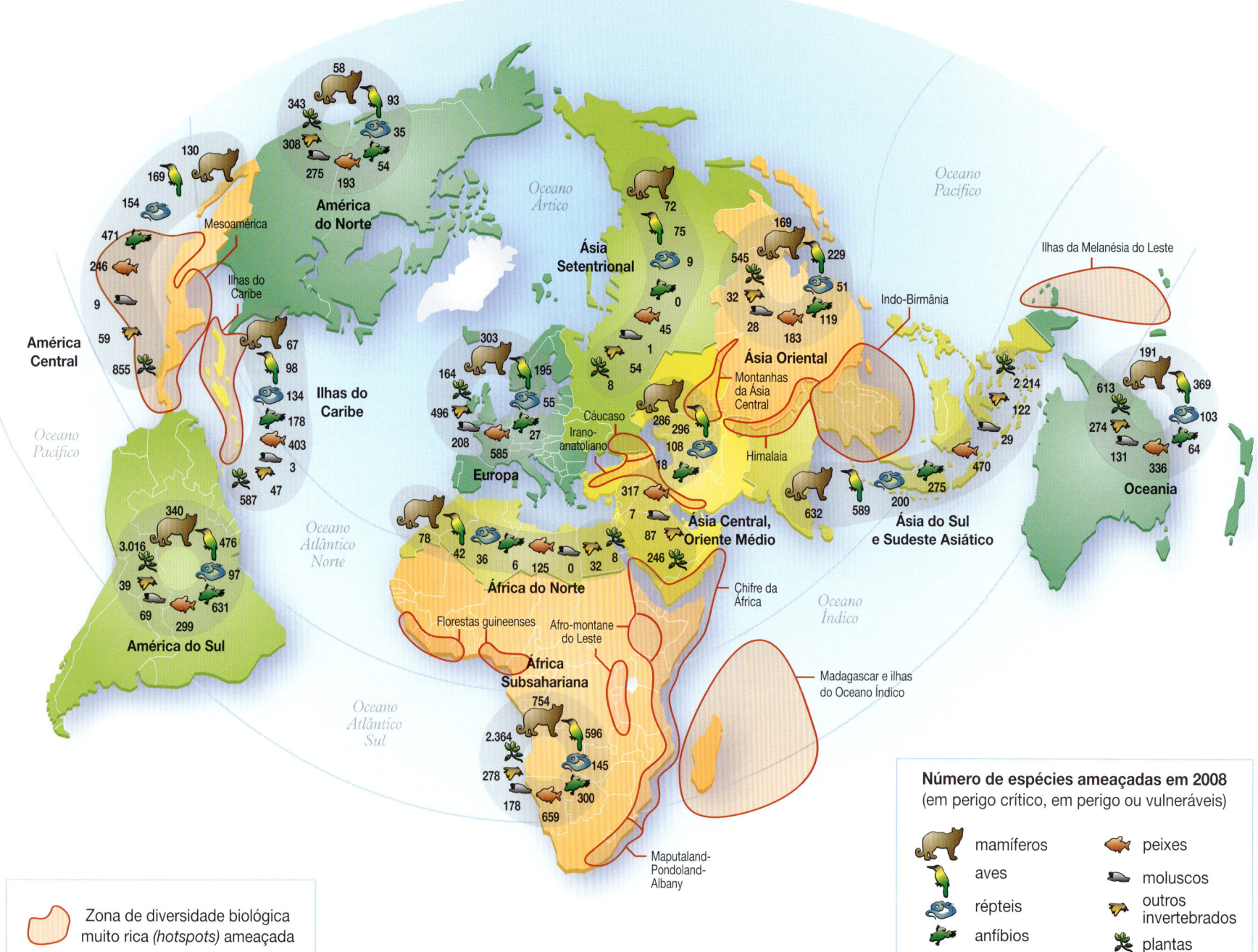

(em perigo crítico, em perigo ou vulneráveis)

Legenda dos ícones:
- mamíferos
- aves
- répteis
- anfíbios
- peixes
- moluscos
- outros invertebrados
- plantas

Zona de diversidade biológica muito rica (*hotspots*) ameaçada

Dados por região

América do Norte: mamíferos 58, aves 93, répteis 35, peixes 54, moluscos 193, outros invertebrados 275, plantas 308, anfíbios 343

América Central / Mesoamérica: mamíferos 130, aves 169, répteis 154, anfíbios 471, peixes 246, moluscos 9, outros invertebrados 59, plantas 855

Ilhas do Caribe: mamíferos 67, aves 98, répteis 134, anfíbios 178, peixes 403, moluscos 3, outros invertebrados 47, plantas 587

América do Sul: mamíferos 340, aves 476, répteis 97, anfíbios 3.016, peixes 299, moluscos 39, outros invertebrados 69, plantas 631

Europa: mamíferos 303, aves 195, répteis 55, anfíbios 27, peixes 208, moluscos 496, outros invertebrados 585, plantas 164

África do Norte: mamíferos 78, aves 42, répteis 36, anfíbios 6, peixes 125, moluscos 0, outros invertebrados 32, plantas 8

África Subsahariana: mamíferos 754, aves 596, répteis 145, anfíbios 300, peixes 659, moluscos 178, outros invertebrados 278, plantas 2.364

Ásia Setentrional: mamíferos 72, aves 75, répteis 9, anfíbios 1, peixes 45, moluscos 0, outros invertebrados 54, plantas 8

Ásia Central, Oriente Médio: mamíferos 286, aves 296, répteis 108, anfíbios 18, peixes 317, moluscos 7, outros invertebrados 87, plantas 246

Ásia Oriental: mamíferos 169, aves 229, répteis 51, anfíbios 119, peixes 28, moluscos 32, plantas 545, Indo-Birmânia 183

Ásia do Sul e Sudeste Asiático: mamíferos 2.214, aves 122, répteis 29, anfíbios 275, peixes 470, moluscos 200, outros invertebrados 589, plantas 632

Oceania: mamíferos 191, aves 369, répteis 103, anfíbios 64, peixes 336, moluscos 131, outros invertebrados 274, plantas 613

Hotspots identificados: Mesoamérica; Ilhas do Caribe; Florestas guineenses; Afro-montane do Leste; Chifre da África; Madagascar e ilhas do Oceano Índico; Maputaland-Pondoland-Albany; Cáucaso; Irano-anatoliano; Montanhas da Ásia Central; Himalaia; Indo-Birmânia; Ilhas da Melanésia do Leste

J.-P. Magnier, 2008 © Armand Colin

Riscos ecológicos

Costuma-se agrupar sob o termo genérico "ecologia" questões extremamente diferentes. Seu denominador comum é questionar a habitabilidade da biosfera pelo ser humano no espaço de duas ou três gerações, o que é muito pouco, se os cientistas mais alarmistas estiverem certos. Isso é resultado da combinação da revolução industrial, agrícola e química, da generalização de um modo de vida extremamente consumista de energias fósseis geradoras de efeito estufa, da explosão demográfica (1 bilhão de habitantes em 1800, 9 bilhões em 2050) e da urbanização, também grande consumidora de energia (5 bilhões de citadinos em 2050).

A preocupação com o meio ambiente ou a ecologia nas sociedades modernas altamente produtivistas e materialistas foi considerada durante muito tempo como marginal, folclórica e passadista. Mas isso mudou rapidamente.

1. O medo de um aquecimento acelerado do clima colocou-se, em pouco tempo, à frente das preocupações das opiniões europeias. O papel do CO_2 e de alguns outros gases no efeito estufa é conhecido desde o século XIX: sem o efeito estufa, não haveria vida sobre a Terra. É a elevação da taxa de CO_2 na atmosfera devida ao uso exponencial de energia fóssil (carvão, petróleo, gás — prevê-se que em 2020 se queimará o dobro de combustíveis que em 2000) que pode transformar a vida econômica e social e, portanto geopolítica, do mundo. O aquecimento anormalmente rápido (há oscilações ao longo das eras geológicas) não é mais contestado, embora algumas opiniões, cada vez mais isoladas, defendidas pelas indústrias implicadas, ainda contestem sua relação com a atividade humana (teoria da atividade solar). Hoje todos os governos admitem o risco de agravamento do efeito estufa, ainda que divirjam sobre as soluções a serem adotadas.

Esse aquecimento pode deslocar as zonas de cultura e as zonas de epidemias tropicais em centenas de quilômetros, derreter as banquisas e geleiras, inclusive as do Himalaia, elevar o nível das águas (gerando, na pior das hipóteses, dezenas de milhões de refugiados climáticos), tornar o clima mais úmido e mais instável, provocar cada vez mais "eventos climáticos extremos", mas também abrir, por causa do derretimento da banquisa ártica, duas novas rotas: Noroeste (entre o Ártico e o Canadá) e do Nordeste (ao norte das costas russa e siberiana), imediatamente transformadas em fator estratégico entre as nações litorâneas.

Os governos discutem acirradamente o conteúdo exato do protocolo contra o efeito estufa, que deve suceder o Protocolo de Kyoto a partir de 2012. Em resumo, os europeus querem compromissos muito estritos; os Estados Unidos contam com inovações técnicas para escapar desses riscos (o que pode mudar a partir de 2009, com o novo governo norte-americano); e os países emergentes ameaçam não reduzir a emissão de CO_2 se as tecnologias não poluentes não lhes forem transferidas. O risco climático impulsiona a construção de centrais nucleares, que não emitem CO_2 — o que divide os ecologistas, cientistas e opiniões —, mas também o desenvolvimento das pesquisas e de energias alternativas.

2. Outra fonte de preocupações para os especialistas é o acúmulo nos solos, nas

O aquecimento climático deslocará zonas agrícolas e propagará epidemias tropicais

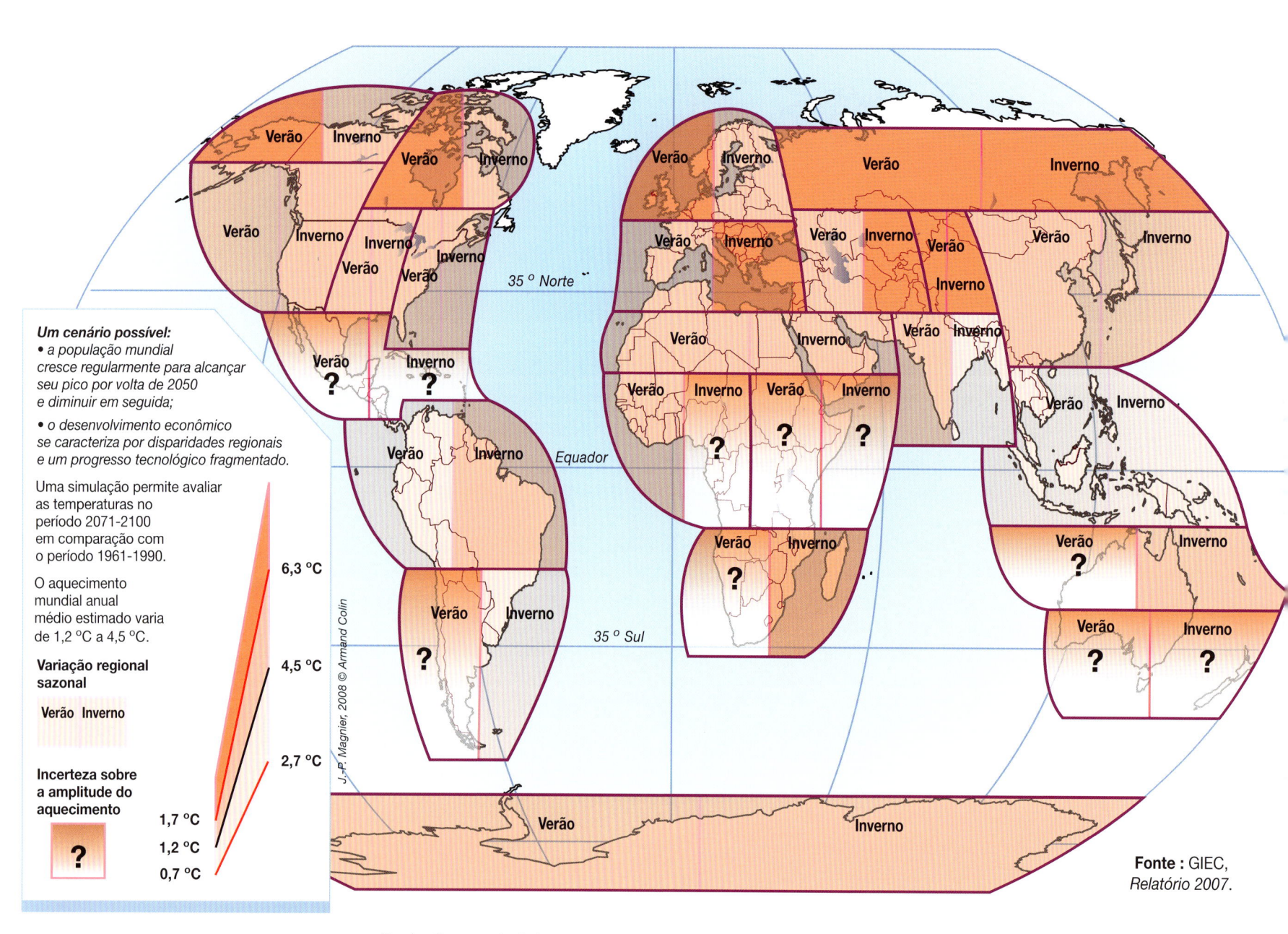

Evolução possível das temperaturas por região e por estação em 2050

Um cenário possível:
- a população mundial cresce regularmente para alcançar seu pico por volta de 2050 e diminuir em seguida;
- o desenvolvimento econômico se caracteriza por disparidades regionais e um progresso tecnológico fragmentado.

Uma simulação permite avaliar as temperaturas no período 2071-2100 em comparação com o período 1961-1990.

O aquecimento mundial anual médio estimado varia de 1,2 °C a 4,5 °C.

Variação regional sazonal

Verão   Inverno

Incerteza sobre a amplitude do aquecimento
?

6,3 °C
4,5 °C
2,7 °C
1,7 °C
1,2 °C
0,7 °C

35° Norte
Equador
35° Sul

J.-P. Magnier, 2008 © Armand Colin

Fonte: GIEC, Relatório 2007.

Evolução possível das precipitações por região e por estação em 2050

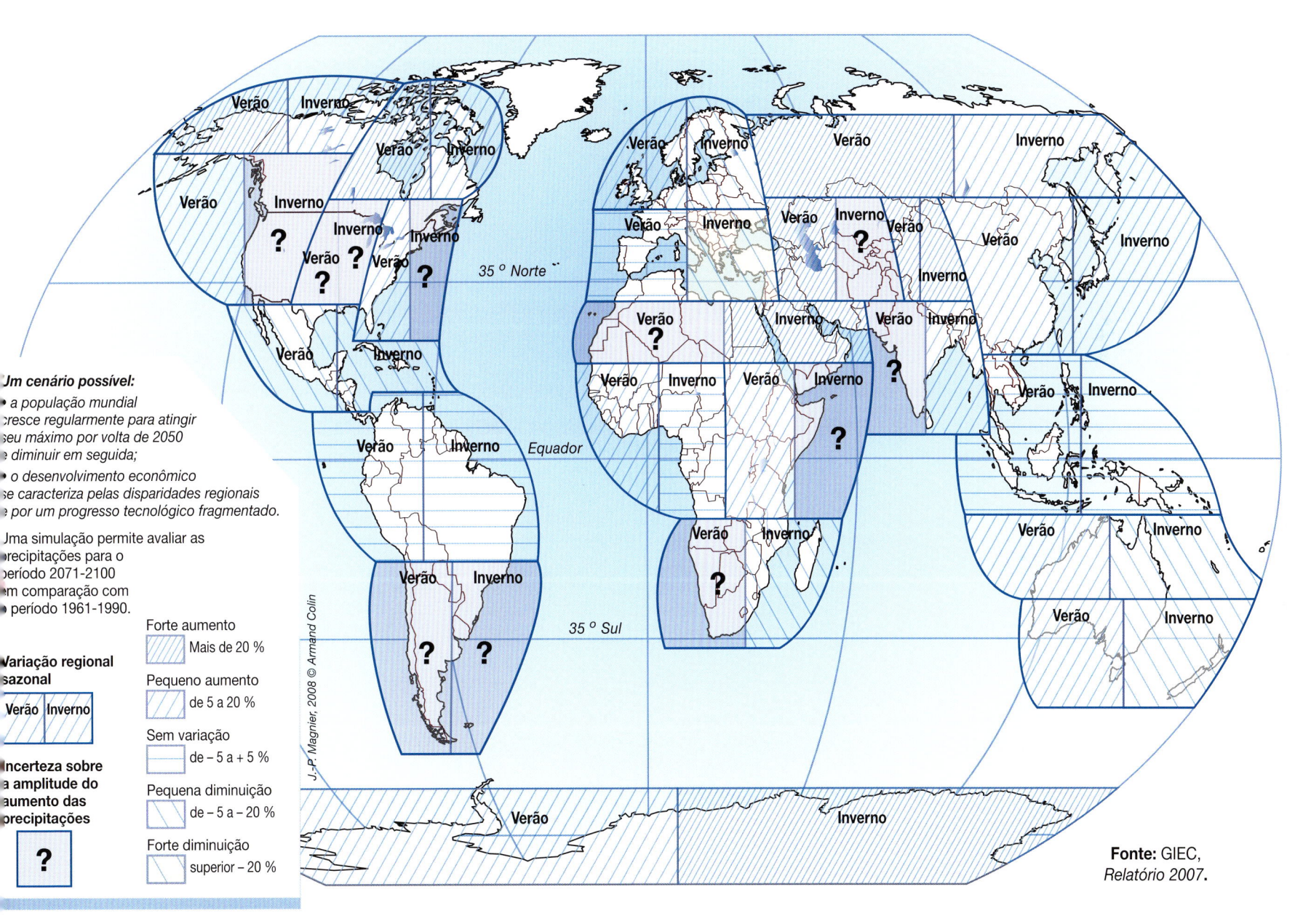

Um cenário possível:
- a população mundial cresce regularmente para atingir seu máximo por volta de 2050 e diminuir em seguida;
- o desenvolvimento econômico se caracteriza pelas disparidades regionais e por um progresso tecnológico fragmentado.

Uma simulação permite avaliar as precipitações para o período 2071-2100 em comparação com o período 1961-1990.

Variação regional sazonal

| Verão | Inverno |

Incerteza sobre a amplitude do aumento das precipitações

?

Forte aumento — Mais de 20 %
Pequeno aumento — de 5 a 20 %
Sem variação — de −5 a +5 %
Pequena diminuição — de −5 a −20 %
Forte diminuição — superior −20 %

Fonte: GIEC, Relatório 2007.

O Ártico no fim dos anos 1990

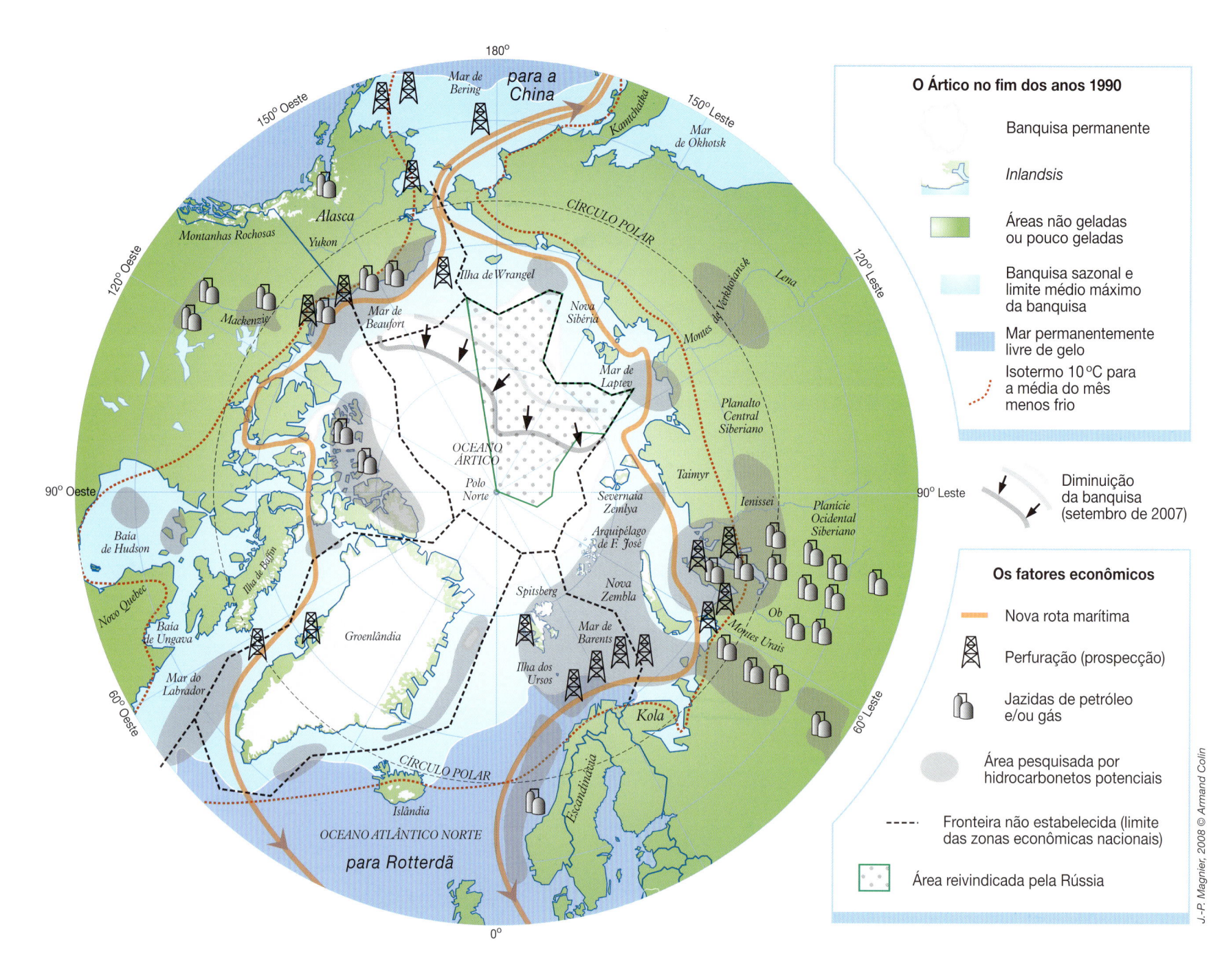

Legenda:
- Banquisa permanente
- Inlandsis
- Áreas não geladas ou pouco geladas
- Banquisa sazonal e limite médio máximo da banquisa
- Mar permanentemente livre de gelo
- Isotermo 10 °C para a média do mês menos frio
- Diminuição da banquisa (setembro de 2007)

Os fatores econômicos:
- Nova rota marítima
- Perfuração (prospecção)
- Jazidas de petróleo e/ou gás
- Área pesquisada por hidrocarbonetos potenciais
- Fronteira não estabelecida (limite das zonas econômicas nacionais)
- Área reivindicada pela Rússia

Localidades identificadas no mapa: Mar de Bering, Mar de Okhotsk, Kamtchatka, Alasca, Montanhas Rochosas, Yukon, Mackenzie, Mar de Beaufort, Ilha de Wrangel, Nova Sibéria, Mar de Laptev, Montes de Verkhoiansk, Lena, Planalto Central Siberiano, Taimyr, Ienissei, Planície Ocidental Siberiana, Ob, Montes Urais, Severnaia Zemlya, Arquipélago de F. José, Nova Zembla, Mar de Barents, Spitsberg, Ilha dos Ursos, Kola, Escandinávia, Islândia, Oceano Atlântico Norte, Groenlândia, Mar do Labrador, Baía de Ungava, Novo Quebec, Baía de Hudson, Ilha de Baffin, Oceano Ártico, Polo Norte, Círculo Polar.

Rotas: para a China; para Rotterdã

J.-P. Magnier, 2008 © Armand Colin

Riscos ecológicos

águas profundas e de superfície, nas plantas, nos alimentos, nos organismos vivos animais e humanos, no ar das ruas das cidades e nas moradias, de uma grande quantidade de resíduos químicos e pesticidas perigosos para a saúde pública e até para a reprodução humana (os "reprotóxicos"). A União Europeia decidiu, temporariamente, avaliar e eventualmente substituir as substâncias químicas em uso, das quais 10 mil de um total de 100 mil são suficientemente conhecidas e avaliadas quanto a seu efeito para a saúde (diretriz Reach). Esses poluentes começam a constituir na China um explosivo problema sanitário e social.

3. A penúria que ameaça as águas está evidentemente ligada ao acúmulo desses detritos poluentes, assim como à explosão demográfica e às megaconcentrações urbanas, com a mudança de hábitos que tudo isso engendra.

4. A redução acelerada da biodiversidade preocupa menos o grande público, que não percebe muito bem a ligação deste fato com seu próprio futuro. Contudo, ele é um sinal anunciador. A Convenção sobre o Comércio Internacional de Espécies da Fauna e da Flora Silvestres Ameaçadas de Extinção (1973) refreou apenas marginalmente o desaparecimento das espécies ameaçadas.

Quaisquer que sejam os exageros, as aproximações ou os erros contidos nessas previsões ecológicas tão alarmistas, o fato é que a humanidade deverá converter em 20 ou 30 anos todos os modos de produção industrial e agrícola, de transporte, habitação, mentalidade e modos de vida para passar do atual crescimento predador e suicida a um crescimento ecológico, o que demandará imensos esforços econômicos, políticos, cívicos e científicos.

A atribuição do Prêmio Nobel da Paz de 2007 a Al Gore e ao grupo criador do Painel Intergovernamental sobre Mudanças Climáticas (IPCC, na sigla em inglês) mostra que uma grande parte da opinião mundial tomou consciência da gravidade dos riscos ecológicos.

> *O derretimento da banquisa ártica abriria duas novas rotas marítimas*

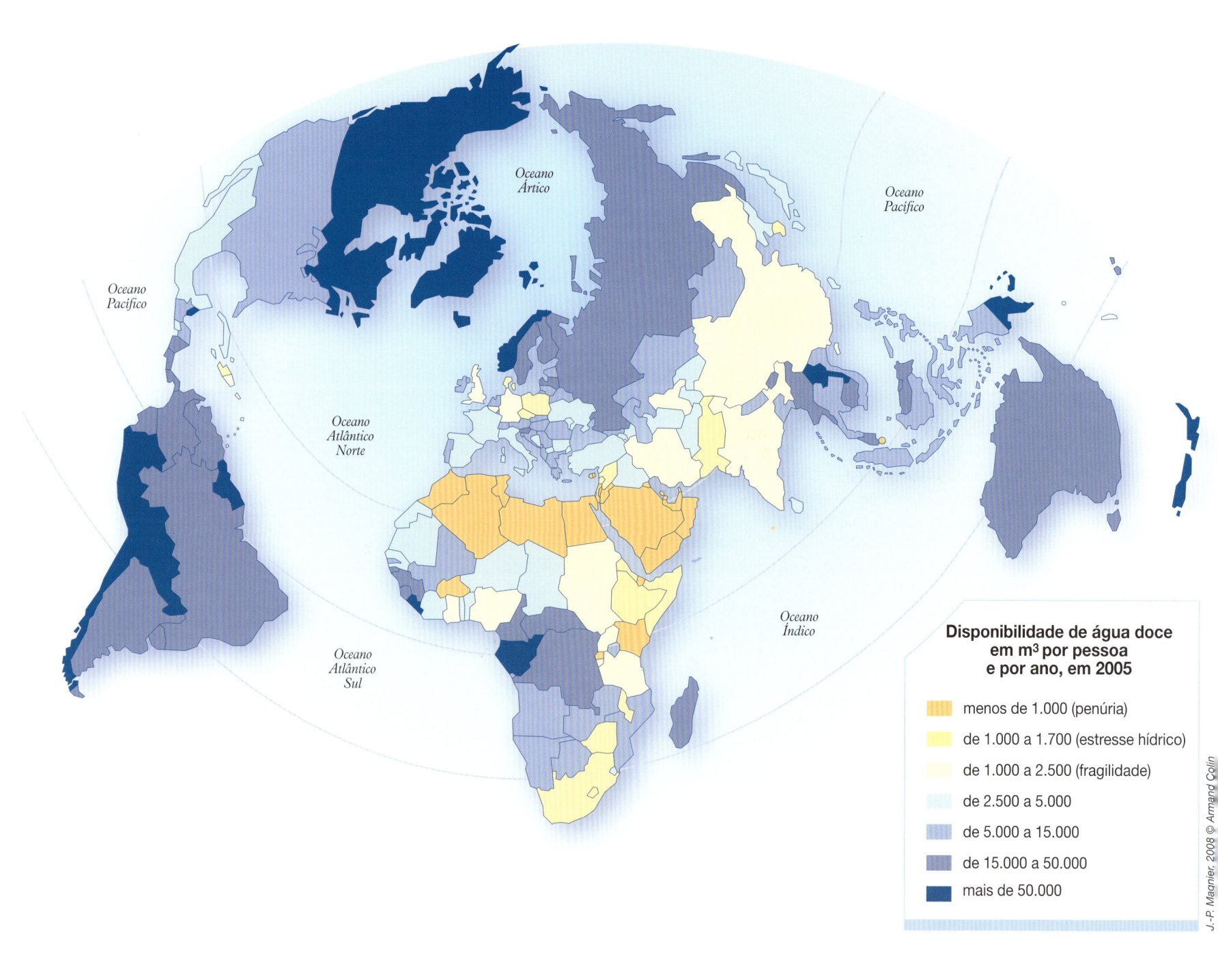

Disponibilidade de água doce em m³ por pessoa e por ano, em 2005

- menos de 1.000 (penúria)
- de 1.000 a 1.700 (estresse hídrico)
- de 1.000 a 2.500 (fragilidade)
- de 2.500 a 5.000
- de 5.000 a 15.000
- de 15.000 a 50.000
- mais de 50.000

J.-P. Magnier, 2008 © Armand Colin

A ÁGUA

A água doce é indispensável à vida. As primeiras civilizações se constituíram às margens de grandes rios: Tigre, Eufrates, Nilo, Indo, Bramaputra, os grandes rios chineses. Os recursos em água doce são divididos no mundo de maneira desigual. Sempre houve falta de água ou fenômenos de desertificação ou de salinização, que por vezes explicam a extinção de certas civilizações, por exemplo na Mesopotâmia. Globalmente, há mais água em circulação no planeta nos períodos quentes do que nos frios, por causa da água estocada nas calotas polares e geleiras.

Hoje, a falta de água, ou antes de água potável, ameaça a humanidade por diversos fatores. O crescimento demográfico (6,7 bilhões de habitantes em 2008, 9 bilhões em 2050) e a concentração de pessoas nas cidades (50% da população) e no litoral aumentam ao mesmo tempo a demanda (o modo de vida urbano consome muito mais água que o rural) e a poluição, (por causa dos detritos). Nas zonas rurais e, em geral, nos países pobres, a poluição das águas é fonte de muitíssimas doenças e de mortalidade precoce.

De modo geral, a modernização e a ocidentalização dos modos de vida, inclusive o desperdício de água que é parte integrante destes — Las Vegas capta os recursos hídricos de três Estados das Montanhas Rochosas; consumo diário de um norte-americano: 600 litros; de um maliano: 15 litros —, aumentam em proporções consideráveis o consumo de água.

O acesso massivo a produtos químicos e a pesticidas poluiu, de maneira perdurável, uma grande parte dos recursos de água das zonas populosas e economicamente desenvolvidas do mundo, inclusive as águas profundas e os lençóis freáticos. O custo do tratamento e da despoluição das águas aumenta substancialmente.

Nas regiões mais áridas da zona intertropical da África, do Oriente Médio e da Ásia Central, a falta de água no sentido primeiro do termo poderia ocasionar tensões, e quiçá conflitos, pela propriedade ou exploração da água de rios e lagos. Pontualmente, a escassez de água poderia se tornar trágica e provocar verdadeiros confrontos. Cada vez mais, os países secos do mundo (por exemplo Emirados Árabes e Austrália) precisarão empregar recursos para a dessalinização, até hoje dispendiosa em dinheiro e energia.

Os países pobres, frequentemente situados nas zonas intertropicais, serão particularmente atingidos por essa penúria. E, em toda parte, as populações de baixa renda sofrerão com o aumento previsível do preço da água.

O século XXI inaugurará a era dos conflitos gerados exclusivamente pela água? Até agora, configurações bélicas destacaram a importância desse recurso (Guerra dos Seis Dias, em 1967; tensões entre Senegal e Mauritânia em 1989). Mas o fator hidráulico era apenas um entre outros. Hoje, as situações de tensão interestatais e sociais existentes no planeta tornam urgente a adoção de comportamentos responsáveis.

A gestão dos limitados recursos de água potável deverá tornar obrigatória uma cooperação mais estreita entre os Estados.

> *A falta de água potável ameaça a humanidade*

Distribuição em % da população mundial

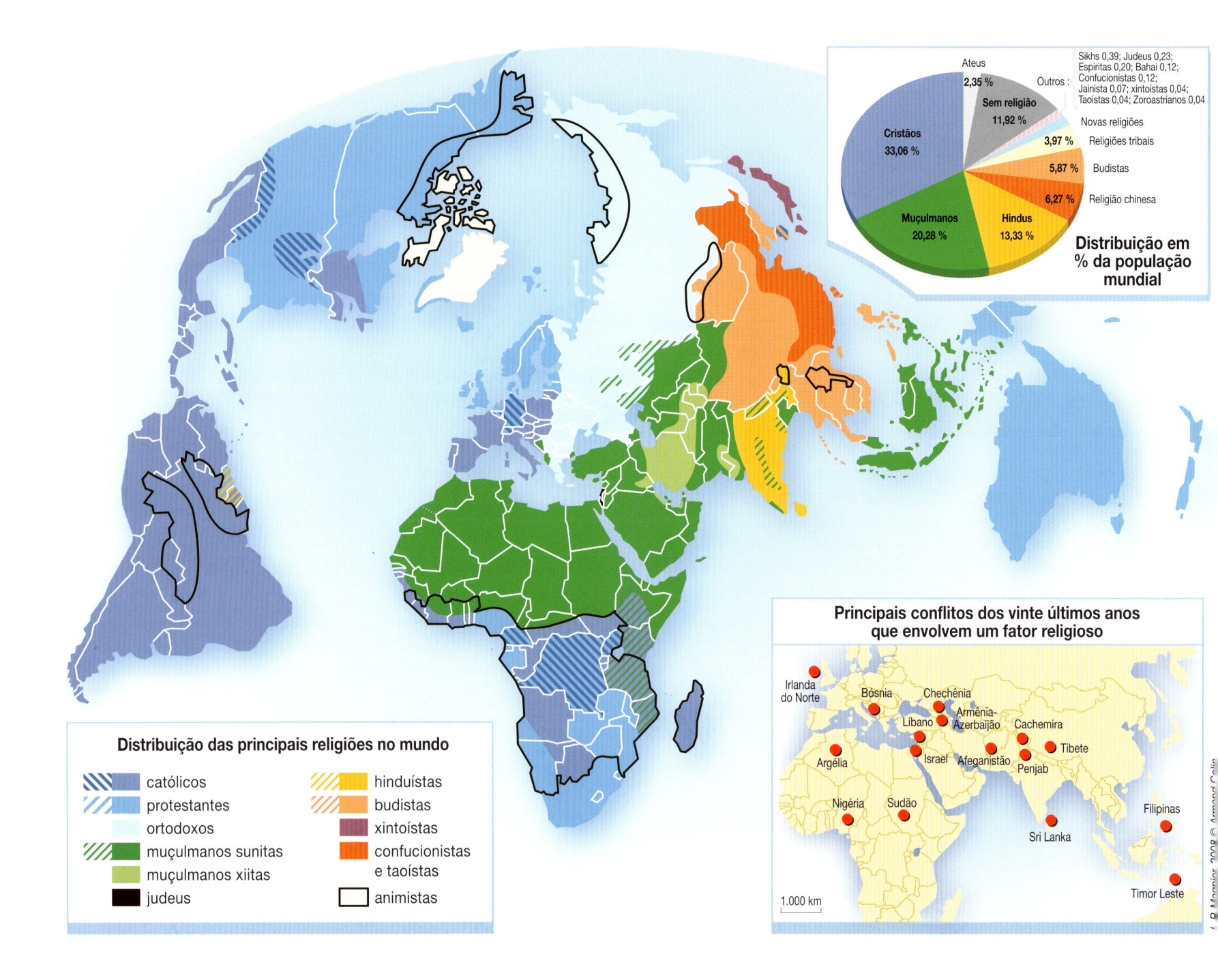

- Cristãos: 33,06 %
- Muçulmanos: 20,28 %
- Hindus: 13,33 %
- Sem religião: 11,92 %
- Religião chinesa: 6,27 %
- Budistas: 5,87 %
- Religiões tribais: 3,97 %
- Novas religiões: —
- Ateus: 2,35 %
- Outros: Sikhs 0,39; Judeus 0,23; Espíritas 0,20; Bahai 0,12; Confucionistas 0,12; Jainista 0,07; xintoístas 0,04; Taoístas 0,04; Zoroastrianos 0,04

Distribuição das principais religiões no mundo

- católicos
- protestantes
- ortodoxos
- muçulmanos sunitas
- muçulmanos xiitas
- judeus
- hinduístas
- budistas
- xintoístas
- confucionistas e taoístas
- animistas

Principais conflitos dos vinte últimos anos que envolvem um fator religioso

Irlanda do Norte; Bósnia; Chechênia; Armênia-Azerbaijão; Líbano; Cachemira; Tibete; Argélia; Israel; Afeganistão; Penjab; Nigéria; Sudão; Sri Lanka; Filipinas; Timor Leste

1.000 km

Religiões

As religiões moldaram as sociedades e sua visão do mundo desde o início da história. Elas estão intimamente ligadas aos fenômenos de identidade, cultura e civilização. Portanto, além da dimensão espiritual, elas desempenharam um papel político e geopolítico da maior importância, pacificador ou conflituoso, de acordo com o momento e o local. As religiões mais difundidas no mundo atual são o cristianismo (33%), o islamismo (20%) e o hinduísmo (13%). Certas religiões, as do "livro" (judaísmo, cristianismo, Islã), são consideradas reveladas. As outras se constituíram pouco a pouco. Algumas são proselitistas e buscam a conversão dos "infiéis": em particular o cristianismo (sobretudo os ramos católico e protestante) e o Islã. Com o tempo, a dimensão religiosa tornou-se uma dimensão essencial de identidade dos grupos ou nações, mesclada a outras dimensões: cultural, linguística, étnica, nacional. Nas guerras ditas religiosas, é muito difícil distinguir o que advém da religião, da política, da luta de classes ou clãs, da luta pelo poder, etc. Submetido a uma opressão política, um grupo se aferra muitas vezes a sua identidade religiosa: os poloneses ao catolicismo, sob a dominação soviética; os gregos e sérvios à ortodoxia, sob o Império Otomano; os judeus na Europa, sobretudo no Leste Europeu, e no mundo árabe durante séculos, etc. Inversamente, desde o fim da URSS, a ortodoxia voltou a ser um componente da maior importância para a identidade russa.

A história moderna da Europa é também uma longa luta das monarquias nacionais para escapar do poder do papa e das sociedades para se libertar, pela laicidade, da investida religiosa, essencialmente católica, sobre a vida pública e privada.

Hoje, a Europa, que se confunde com o cristianismo, é o continente menos religioso, juntamente com a China, que nunca o foi muito.

Por outro lado, a religião continua presente na vida — e na política — nos Estados Unidos, na América Latina, na África, na Índia, no mundo árabe-muçulmano e na Rússia.

Em sua contestada classificação das "civilizações" provavelmente destinadas a se confrontar, Samuel Huntington se baseia notadamente no critério religioso. Este elemento é forte na repulsa que os islamistas nutrem pelos ocidentais, pelos "cruzados", pelos israelenses e judeus. Ele se encontra também, mas menos forte, na rejeição ao Islã — e não somente ao islamismo — de alguns ocidentais, em particular em certos grupos protestantes do sul dos EUA. Por outro lado, o conflito Israel-Palestina é em sua origem um clássico conflito nacional por território. Somente com o tempo e sua degradação é que adquiriu uma dimensão religiosa — ascensão dos islamistas na Palestina, inicialmente bastante laica, e religiosos israelenses.

Hoje, encontra-se um componente religioso nos conflitos e crises dos Bálcãs, do Oriente Médio, do Cáucaso e da Ásia Central, do subcontinente indiano e de diversos países da África, na linha de confluência Islã-cristianismo-animismo.

> *A religião volta a ter uma dimensão essencial na identidade das nações*

4

O mundo visto por...

Vivemos todos no mesmo mundo, mas não o vemos da mesma maneira. Cada nação tem sua visão estratégica, suas inquietações, seus objetivos, frutos da história, da geografia e de suas determinantes geopolíticas. Os interesses nacionais podem divergir, cada um tem sua lógica própria. Nesta quarta seção, procuramos mostrar como os diferentes povos e atores estratégicos de maior importância veem o mundo exterior. Como eles enxergam sua própria posição na equação estratégica geral? Não julgamos, não apontamos quem está certo e quem está errado, limitamo-nos a expor essas diferentes visões.

Mapa geopolítico mundial

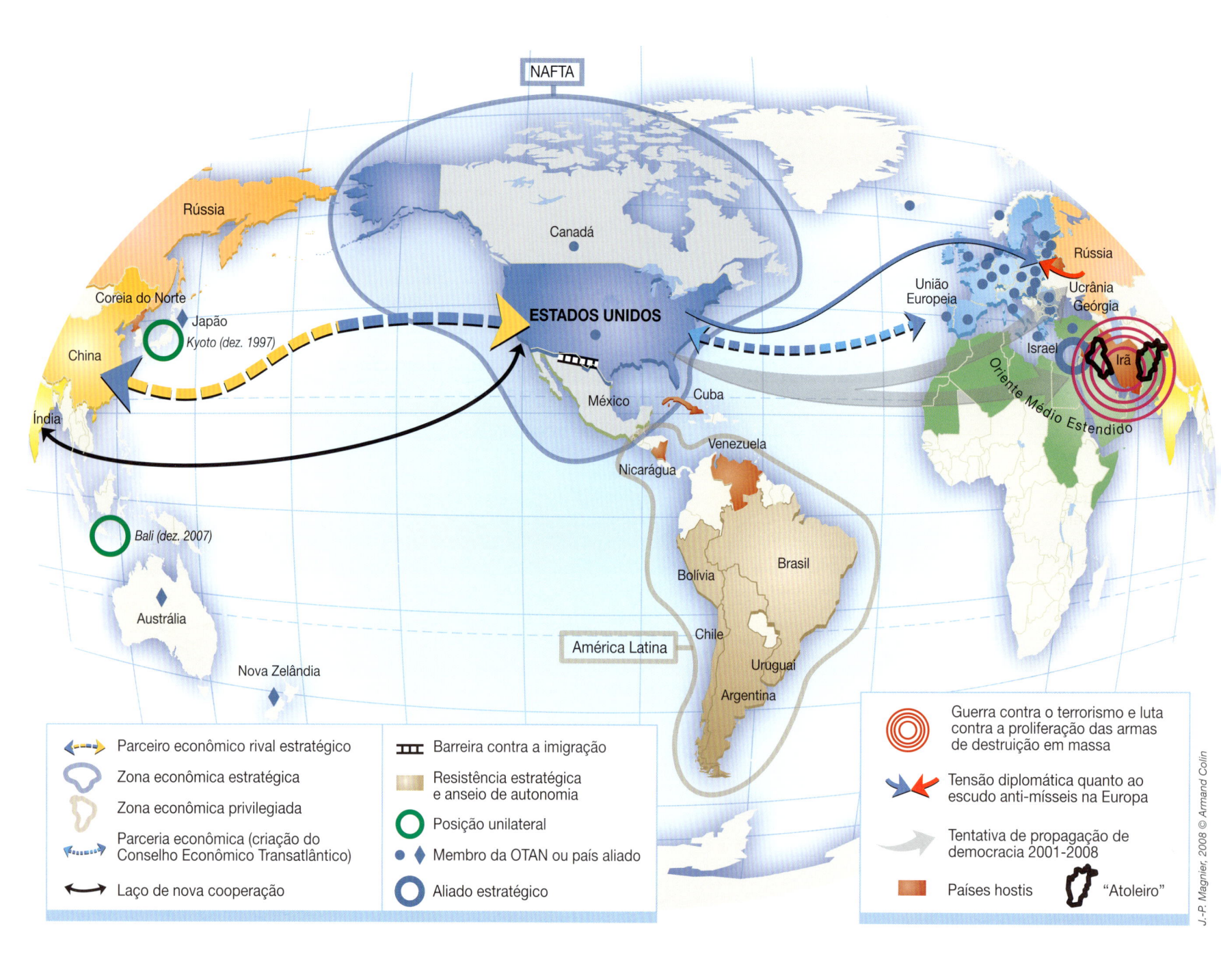

NAFTA

Países e regiões identificados:
- Rússia, Canadá, Estados Unidos, México, Cuba, Nicarágua, Venezuela, Bolívia, Brasil, Chile, Uruguai, Argentina (América Latina)
- Coreia do Norte, Japão *Kyoto (dez. 1997)*, China, Índia
- *Bali (dez. 2007)*, Austrália, Nova Zelândia
- União Europeia, Ucrânia, Geórgia, Rússia, Israel, Irã, Oriente Médio Estendido

Legenda

- Parceiro econômico rival estratégico
- Zona econômica estratégica
- Zona econômica privilegiada
- Parceria econômica (criação do Conselho Econômico Transatlântico)
- Laço de nova cooperação
- Barreira contra a imigração
- Resistência estratégica e anseio de autonomia
- Posição unilateral
- Membro da OTAN ou país aliado
- Aliado estratégico
- Guerra contra o terrorismo e luta contra a proliferação das armas de destruição em massa
- Tensão diplomática quanto ao escudo anti-mísseis na Europa
- Tentativa de propagação de democracia 2001-2008
- Países hostis
- "Atoleiro"

J.-P. Magnier, 2008 © Armand Colin

O MUNDO VISTO PELOS...

ESTADOS UNIDOS

O povoamento das colônias inglesas da América por imigrantes vindos da Grã-Bretanha ou outros países europeus foi motivado pela busca de liberdade religiosa por parte de alguns grupos protestantes ou para escapar da miséria. Foi igualmente em nome da liberdade e também por razões fiscais que a independência foi proclamada em 1776 pelas treze colônias, que se tornaram os treze Estados federais fundadores. A extensão do território norte-americano fez-se pela colonização dos territórios do oeste — sem levar minimamente em conta os direitos dos índios nativos norte-americanos —, pela compra de territórios de potências europeias, como a Luisiana, ou pela guerra e anexação (México). Fundados por imigrantes que haviam fugido da Europa e queriam construir um novo mundo, os Estados Unidos começaram com o desejo de não se misturar nas querelas intereuropeias. Com a Doutrina Monroe, pretendiam igualmente que o conjunto do continente americano fosse protegido de qualquer intervenção exterior, notadamente europeia (espanhola), o que, em seguida, deixou o campo livre para que eles próprios exercessem sua influência. Desde sua origem, os Estados Unidos se consideram o império da liberdade, e a extensão de seu território é vivenciada como a prova da promoção de tal liberdade, mais do que como um projeto de grandeza nacional. Depois da guerra contra o México em 1848, os EUA desenvolveram o conceito de "destino manifesto", que atribui a eles um dever de civilização universal, um futuro de expansão comercial e cultural e um destino de grande potência. A desigualdade dos cidadãos não leva em conta a herança da escravidão e do extermínio dos índios nativos. Depois (1898), foi em nome da liberdade dos povos que os Estados Unidos atacaram o império espanhol decadente, em Cuba e nas Filipinas, substituindo por seu domínio econômico e político o laço colonial desfeito. O Caribe e a América Central se transformam em seu quintal; eles participam até da criação do Panamá, separando-o da Colômbia a fim de poder controlar seu canal, passagem estratégica.

Os Estados Unidos querem se manter distantes da Primeira Guerra Mundial, e conseguem fazê-lo até os ataques dos submarinos alemães a seus navios, entravando sua liberdade marítima e de comércio, o que os leva a entrar na guerra em 1917, permitindo a vitória final dos aliados. O presidente Wilson busca lançar em seguida as bases de uma nova diplomacia, calcada na autodeterminação e no moralismo, rompendo com o tradicional e imoral jogo de potências atribuído à Europa. Trata-se do wilsonismo. Mas o Senado dos Estados Unidos, que continuava isolacionista, recusa-se

Os Estados Unidos se veem como a nação indispensável

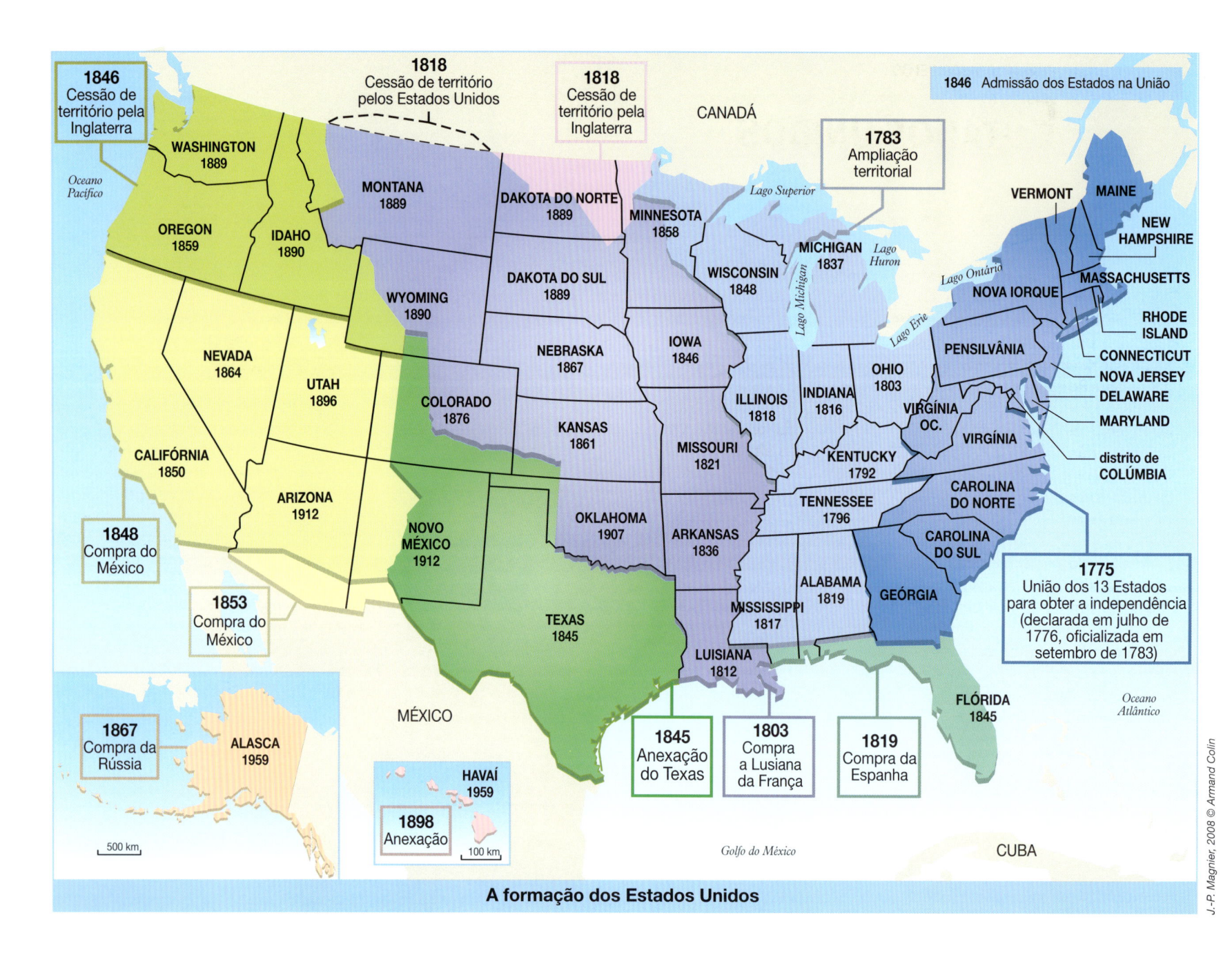

A formação dos Estados Unidos

1846 Cessão de território pela Inglaterra

1818 Cessão de território pelos Estados Unidos

1818 Cessão de território pela Inglaterra

1846 Admissão dos Estados na União

1783 Ampliação territorial

1775 União dos 13 Estados para obter a independência (declarada em julho de 1776, oficializada em setembro de 1783)

1845 Anexação do Texas

1803 Compra a Lusiana da França

1819 Compra da Espanha

1848 Compra do México

1853 Compra do México

1867 Compra da Rússia

1898 Anexação

- WASHINGTON 1889
- OREGON 1859
- IDAHO 1890
- MONTANA 1889
- DAKOTA DO NORTE 1889
- MINNESOTA 1858
- WISCONSIN 1848
- MICHIGAN 1837
- VERMONT
- MAINE
- NEW HAMPSHIRE
- MASSACHUSETTS
- NOVA IORQUE
- RHODE ISLAND
- CONNECTICUT
- NOVA JERSEY
- DELAWARE
- MARYLAND
- WYOMING 1890
- DAKOTA DO SUL 1889
- NEVADA 1864
- UTAH 1896
- COLORADO 1876
- NEBRASKA 1867
- IOWA 1846
- ILLINOIS 1818
- INDIANA 1816
- OHIO 1803
- PENSILVÂNIA
- VIRGÍNIA OC.
- VIRGÍNIA
- distrito de COLÚMBIA
- CALIFÓRNIA 1850
- ARIZONA 1912
- NOVO MÉXICO 1912
- KANSAS 1861
- MISSOURI 1821
- KENTUCKY 1792
- TENNESSEE 1796
- CAROLINA DO NORTE
- CAROLINA DO SUL
- OKLAHOMA 1907
- ARKANSAS 1836
- ALABAMA 1819
- GEÓRGIA
- TEXAS 1845
- MISSISSIPPI 1817
- LUISIANA 1812
- FLÓRIDA 1845
- ALASCA 1959
- HAVAÍ 1959

J.-P. Magnier, 2008 © Armand Colin

O MUNDO VISTO PELOS...

Estados unidos

a aderir à Sociedade das Nações que Wilson inspirara. Foi necessário o ataque japonês a Pearl Harbor, em dezembro de 1941, para mostrar à opinião norte-americana a impossibilidade do isolacionismo e permitir que o presidente Roosevelt entrasse na guerra contra Hitler e contra o Japão, e que a ganhasse, junto com os soviéticos. Os Estados Unidos são o único país que saiu da Segunda Guerra Mundial mais poderoso do que havia entrado: suas perdas humanas foram limitadas, seu território foi poupado dos bombardeios, e sua economia, estimulada.

Diante do desafio soviético, ao mesmo tempo político (o comunismo) e geoestratégico (controle do continente eurasiático), os Estados Unidos não tiveram outra escolha senão encabeçar o "mundo livre" e criar um sistema global de alianças na Europa (OTAN), no Oriente Médio e na Ásia, a fim de "conter" a União Soviética. Os princípios morais (luta pela liberdade) e o interesse nacional (liderança mundial) estiveram unidos durante toda a guerra fria. A implosão da União Soviética vai demonstrar a superioridade política, econômica e moral do sistema norte-americano, que não tem mais rival à sua altura. Os Estados Unidos estão mais convencidos do que nunca que incorporam os valores universais e creem que aqueles que se opõem a eles fazem-no por hostilidade a esses valores de liberdade. É a época da "hiperpotência".

Dez anos depois, o 11 de Setembro de 2001 provoca um grande choque psicológico nos Estados Unidos. O sentimento de ter sido injustamente atacado, de ser moralmente superior — e de ter sido atacado por essas razões —, embora dispondo de um poder inigualável, leva, em reação, à guerra do Iraque, vencida com facilidade. Mas o fiasco político dela decorrente atinge profundamente a imagem dos EUA, vistos como uma potência agressiva que não coloca sua imensa força a serviço do interesse geral. São acusados de promover princípios e respeitá-los quando lhes convém, praticando um jogo duplo.

Os Estados Unidos voltam a ser, em quase toda parte, tão impopulares quanto à época da Guerra do Vietnã. Apesar disso, nenhuma potência os ameaça seriamente, e a sociedade norte-americana, sua energia e sua capacidade de integração conservam uma atratividade única sobre o mundo exterior.

> *Os Estados Unidos se consideram o império da liberdade*

União Europeia e o mundo

Legenda:
- Mundo ocidental
- Desconfiança persistente
- Desejo de parceria
- Processo de Barcelona
- Projeto de União do Mediterrâneo

Acordo de parceria e cooperação:
- com os países da ACP*
- com os países da América Latina
- com os países do ASEM**

*77 países da África-Caribe-Pacífico
**16 países asiáticos e 27 países da União Europeia

Países identificados no mapa: Canadá, Estados Unidos, México, Pacto Andino, Chile, Mercosul, União Europeia, países da UE ex-membros do Pacto de Varsóvia, Rússia, Caribe-Pacífico-África (ACP), ASEM, Austrália, N.Z.

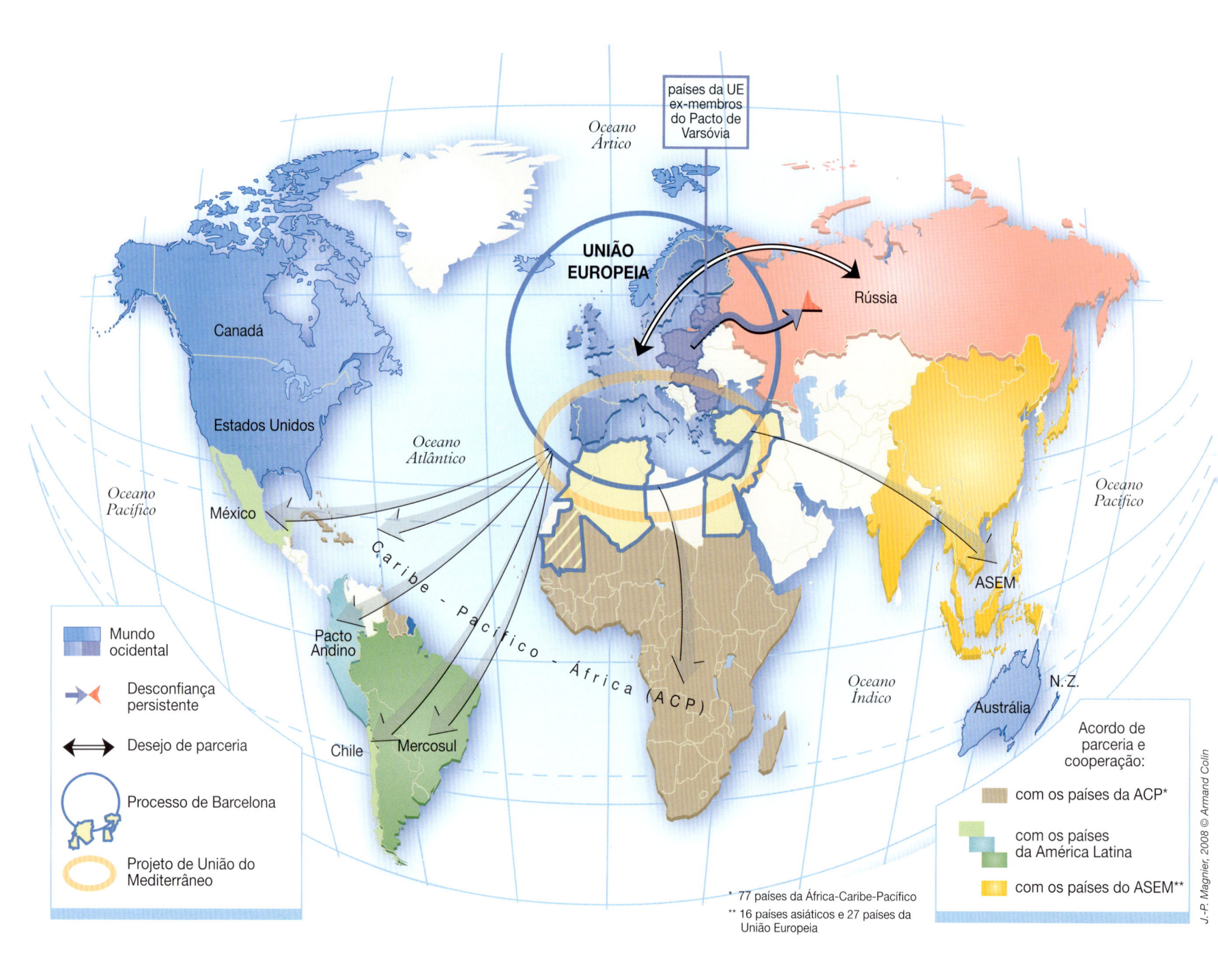

Fonte: J.-P. Magnier, 2008 © Armand Colin

O MUNDO VISTO PELOS...
EUROPEUS

Depois da Segunda Guerra Mundial, os europeus do Oeste se beneficiaram econômica e militarmente da determinação norte-americana de impedir o domínio soviético sobre a Europa. Em seguida, com a Ceca (Comunidade Europeia do Carvão e do Aço) e o Tratado de Roma, buscou-se tornar essa paz irreversível e melhorar o nível de vida por meio de um mercado comum. Parte das elites europeias chegou a acreditar que fosse possível, até a rejeição da "Constituição", em 2005, a superação das identidades nacionais dentro de uma espécie de "Europa federal" inspirada nos Estados Unidos. Uma dezena de países, sob o estímulo de François Mitterrand, Helmut Kohl e Jacques Delors, no início dos anos 1990, abandonaram suas moedas por uma moeda única, o euro. Depois da queda da União Soviética, que possibilitou a adesão de dez novos países à União Europeia e a reunificação alemã, os europeus atravessaram um período de otimismo. O mundo iria se unificar sob o duplo efeito da economia de mercado global e da democracia, e pôr em prática os valores universais proclamados pela ONU. A Europa — pensavam até mesmo os franceses — se tornaria uma Europa-potência, benéfica ao mundo.

Alguns anos mais tarde, a dúvida se instalou. Os europeus se dão conta de que seus valores universais não são universalmente aceitos. Negam-se a acreditar no risco de um choque de civilizações, mas veem claramente que pequenos grupos fanáticos, no seio do Islã ou do Ocidente, fomentam uma política contrária. Querem se mostrar humanistas diante da imigração, mas a pressão tornou-se quantitativamente tão forte que regras mais estritas pouco a pouco se impuseram em toda a Europa. Eles queriam ajudar países pobres a se desenvolver, mas não estavam dispostos a renunciar, sob a pressão dos países emergentes, a suas conquistas sociais extraordinárias. Estavam conscientes de que seus ancestrais haviam explorado e colonizado o mundo durante séculos, e de que isso tinha terminado, mas esperavam poder manter um papel, por meio de ingerência ou de ajuda condicional, para, desta vez, propagar a democracia e os direitos humanos, e não esperavam ser colocados eles próprios na defensiva por tantas novas potências geopolíticas rivais.

Não há acordo entre os europeus sobre a continuidade da integração política

Os europeus estão ligados à União Europeia. Mas não estão de acordo entre si sobre a continuidade ou não da integração política (o Tratado de Lisboa talvez seja o mais longe a que se tenha chegado nessa integração) ou sobre a ampliação geográfica da Europa. Nos primeiros anos da década de 2000, tomam maior consciência tanto do choque demográfico mundial que os ameaça e que reduzirá seu peso relativo, quanto das perspectivas de carência energética. São menos ingênuos que no período que se seguiu a 1989-1991. Conformaram-se em iniciar a gigantesca metamorfose da economia e da sociedade imposta pelas ameaças ecológicas, mas gostariam de preservar seu modo de vida.

Depende muito dos próprios europeus a possibilidade de terem novamente um papel de primeiro plano no mundo — por exemplo, se a União Europeia, de 27 países-membros ou mais, conseguirá se tornar o polo regulador da globalização selvagem. De todos os polos previsíveis do mundo multipolar, o europeu é aquele cujo futuro é o mais incerto.

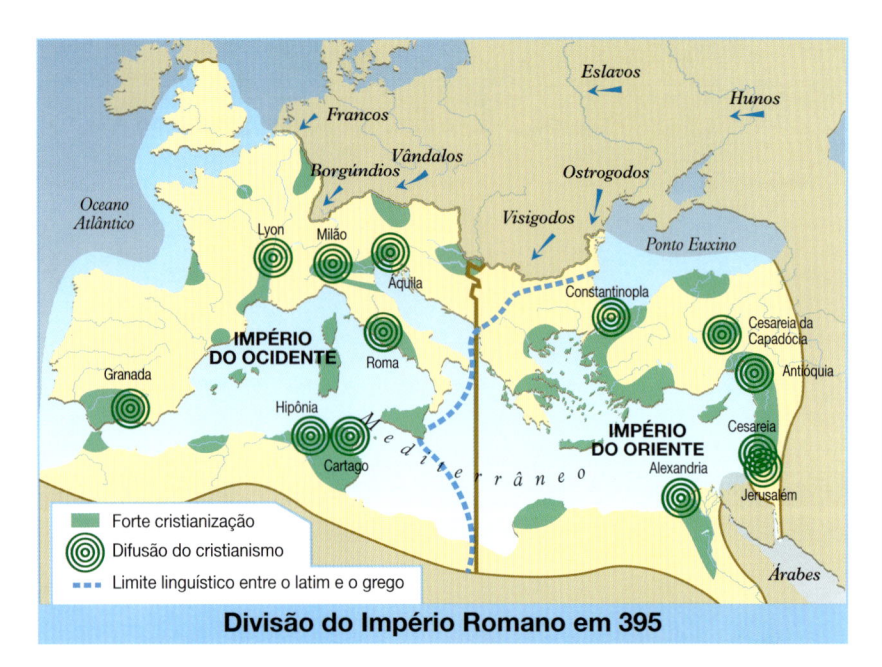

Divisão do Império Romano em 395

- Forte cristianização
- Difusão do cristianismo
- ---- Limite linguístico entre o latim e o grego

Francos, Vândalos, Borgúndios, Visigodos, Ostrogodos, Eslavos, Hunos, Árabes

IMPÉRIO DO OCIDENTE: Granada, Lyon, Milão, Áquila, Roma, Hipônia, Cartago
IMPÉRIO DO ORIENTE: Constantinopla, Cesareia da Capadócia, Antióquia, Cesareia, Alexandria, Jerusalém

Oceano Atlântico, Mediterrâneo, Ponto Euxino

A Europa no início do século IX

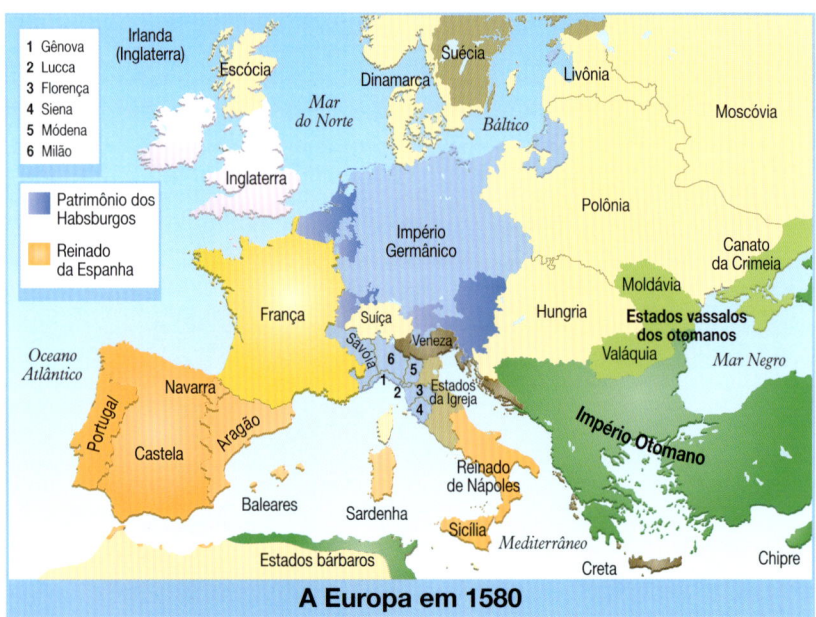

Mar do Norte, Báltico, Oceano Atlântico, Mediterrâneo

- Anglo-Saxões
- Marca da Bretanha
- Império Carolíngio
- Veneza
- Morávios
- Eslavos
- Eslováquios
- Ávaros
- Búlgaros
- Reinado das Astúrias
- Marca da Espanha
- Emirado de Córdoba
- Mundo muçulmano (Califado abássida)
- Estados da Igreja
- Império Bizantino

A Europa em 1580

1. Gênova
2. Lucca
3. Florença
4. Siena
5. Módena
6. Milão

- Patrimônio dos Habsburgos
- Reinado da Espanha

Irlanda (Inglaterra), Escócia, Inglaterra, Suécia, Dinamarca, Mar do Norte, Báltico, Livônia, Moscóvia, Polônia, Império Germânico, França, Suíça, Savóia, Veneza, Estados da Igreja, Hungria, Moldávia, Valáquia, Canato da Crimeia, Mar Negro, Império Otomano, Portugal, Navarra, Aragão, Castela, Baleares, Sardenha, Reinado de Nápoles, Sicília, Estados bárbaros, Creta, Chipre, Oceano Atlântico, Mediterrâneo

A Europa em 1815

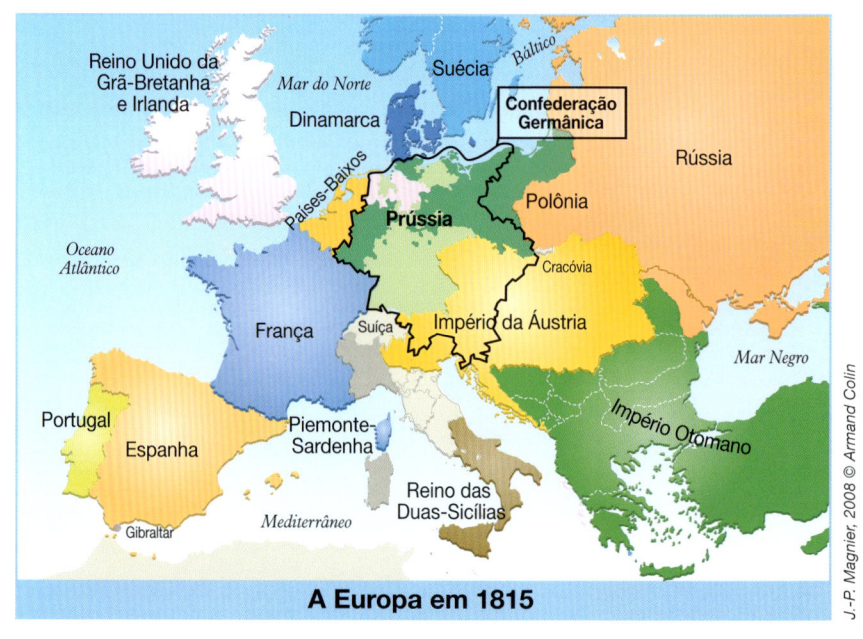

Reino Unido da Grã-Bretanha e Irlanda, Mar do Norte, Báltico, Suécia, Dinamarca, Países-Baixos, Confederação Germânica, Prússia, Rússia, Polônia, Cracóvia, França, Suíça, Império da Áustria, Império Otomano, Portugal, Espanha, Gibraltar, Piemonte-Sardenha, Reino das Duas-Sicílias, Mediterrâneo, Mar Negro, Oceano Atlântico

J.-P. Magnier, 2008 © Armand Colin

A construção da União Europeia, 1957-2008

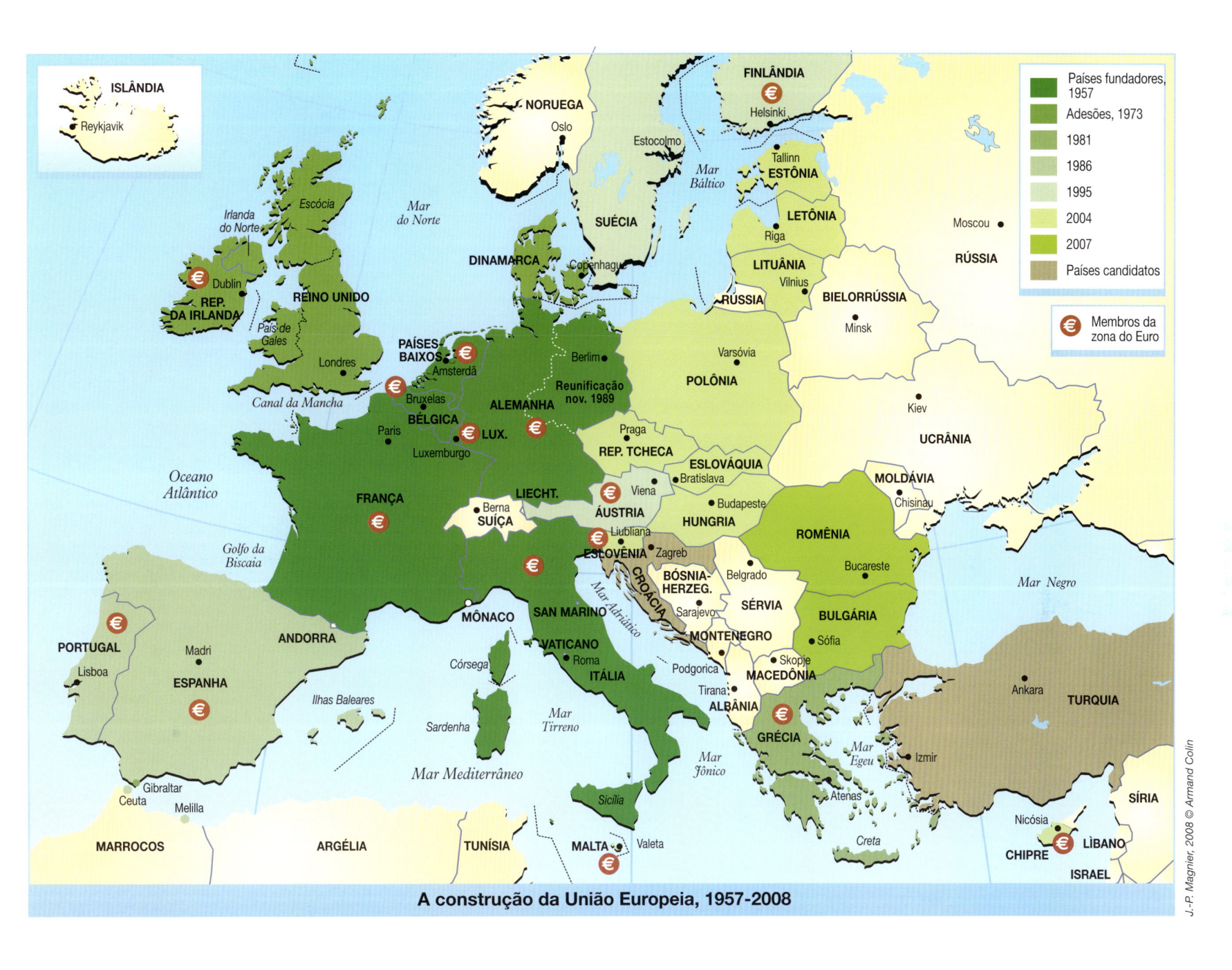

Legenda:
- Países fundadores, 1957
- Adesões, 1973
- 1981
- 1986
- 1995
- 2004
- 2007
- Países candidatos
- € Membros da zona do Euro

J.-P. Magnier, 2008 © Armand Colin

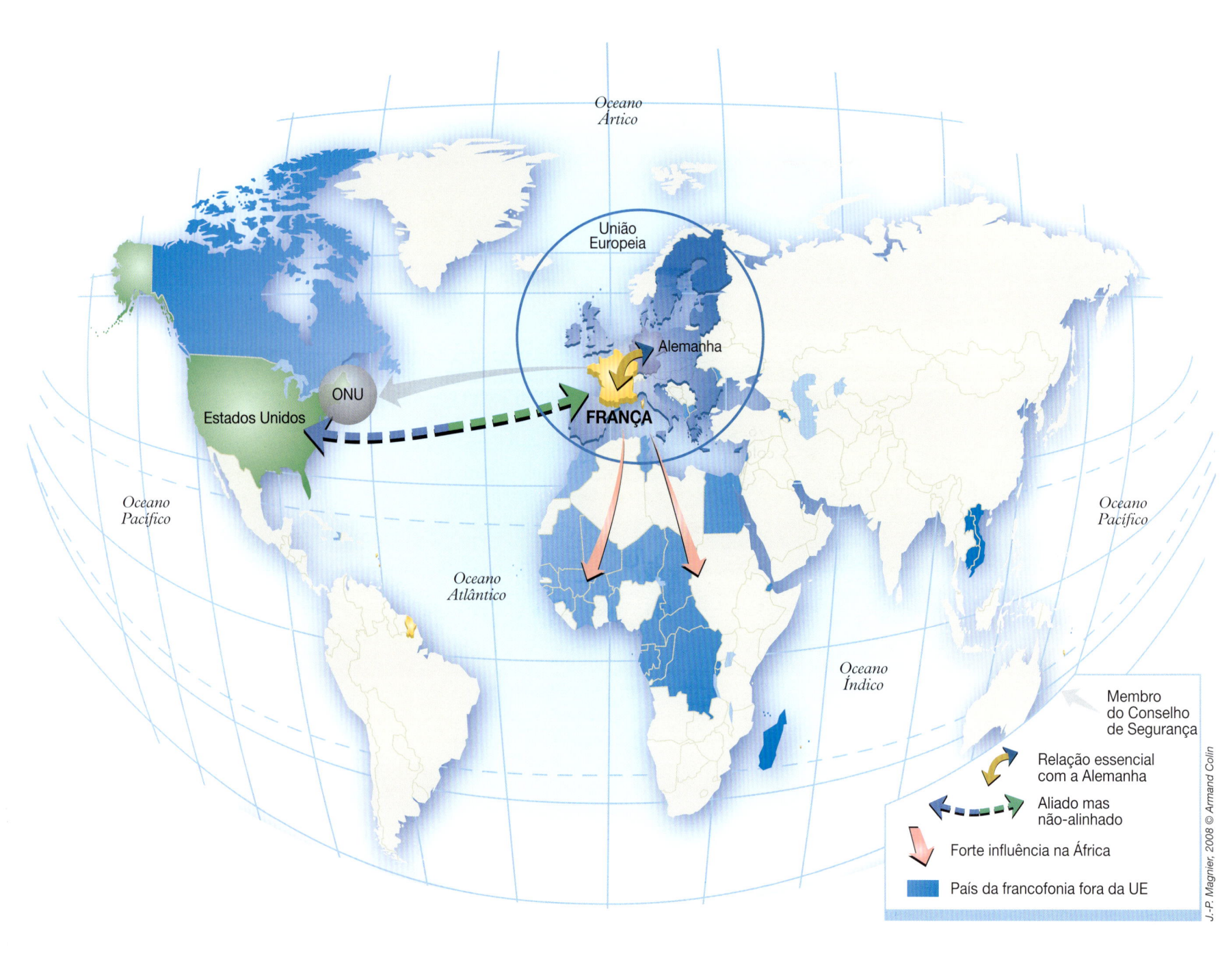

Legenda:
- Membro do Conselho de Segurança
- Relação essencial com a Alemanha
- Aliado mas não-alinhado
- Forte influência na África
- País da francofonia fora da UE

J.-P. Magnier, 2008 © Armand Colin

O MUNDO VISTO PELA...

FRANÇA

Graças a Richelieu, Mazarin e Luís XIV, e a seu peso demográfico quando a Europa dominava o mundo, a França foi o país de maior importância na Europa durante parte do século XVII e todo o XVIII. O império napoleônico foi o apogeu do poderio francês, mas sua queda marcou o início de seu declínio relativo, de que se beneficiou a Grã-Bretanha. Em 1871, a derrota de Napoleão III permite que Bismarck efetive a unidade alemã, o que todos os dirigentes franceses desde Richelieu sempre haviam conseguido evitar. A França conhece então um novo período de dúvida. Enquanto negligenciava suas primeiras possessões em ultramar, a conquista colonial — notadamente na África e na Ásia, sob o pretexto do "dever civilizatório" — mostra um novo horizonte. A Primeira Guerra Mundial representa uma perda demográfica terrível e um enfraquecimento relativo do país, assim como do continente europeu no equilíbrio mundial. Mais tarde, a derrota e o naufrágio de maio de 1940 traduzem esse esgotamento no inconsciente nacional. Essa humilhação nunca foi totalmente compensada pela ação do general De Gaulle ou da resistência interior. Depois da Libertação, as posses coloniais assumiram importância simbolicamente maior no momento em que o prestígio da metrópole estava enfraquecido, daí as guerras de antemão perdidas nas tentativas de se opor à descolonização. A França se lança então na construção europeia, vista como um multiplicador de poder e garantia da impossibilidade de uma nova guerra entre países europeus. A reconciliação franco-alemã torna-se o motor dessa construção. Depois de 1962, o fim das guerras coloniais permite que a França dê, na ONU e no conjunto das instituições multilaterais, uma maior ênfase a sua ação internacional.

A humilhação na guerra de Suez em 1956, juntamente com a recusa norte-americana em ajudar a França em seus conflitos coloniais, haviam convencido os dirigentes franceses de que deveriam desenvolver capacidade estratégica autônoma, isto é, a dissuasão nuclear.

Na Quinta República, a estratégia francesa consistiu em alargar a margem de manobra do país, mantendo frente aos EUA uma relação de aliado zeloso de sua independência. A França se pretende então a parceira natural dos países do Sul que buscam uma alternativa à escolha binária EUA/URSS.

Hoje a França deseja conservar um papel específico na cena internacional, tendo, por sua história, uma larga visão dos negócios mundiais. Mas sabe que não tem mais os meios para uma ação unilateral, do que faz uma virtude. A França mantém a capacidade e a vontade de tomar iniciativas, de desempenhar um papel particular, mas, na maioria das vezes, só pode fazê-lo num quadro multilateral. Conserva nos diversos continentes uma influência cultural e econômica variável, uma política ao mesmo tempo ativa e específica. Desde o fim do mundo bipolar e a entrada no mundo global, incerta diante da mundialização, a França — ou pelo menos suas elites — se questiona, mais do que outros países comparáveis a ela, sobre seu papel, sua influência, seus meios, sobre o que continuará a ser notado de seu esforço próprio e o que será europeu, e sobre o que ela deve mudar ou manter. Entre o excesso de pretensão e a subestimação de si mesma, a França atual tem dificuldade para encontrar seu equilíbrio, ainda que permaneça entre as dez ou doze potências com influência mundial.

Entre excesso de pretensão e subestimação de si mesma, a França se questiona

A partilha de Verdun (843)

- Reino de Luís, o Germânico
- Reino de Lotário
- Reino de Carlos, o Calvo

Capetíngios e plantagenetas em 1180

- Domínio real
- Senhorias eclesiásticas
- Feudos vassalos da coroa capetíngia
- Feudo do rei da Inglaterra Henrique II Plantageneta

A França em 1226

- Domínio real
- Senhorias eclesiásticas
- Feudos vassalos da coroa capetíngia
- Possessões do rei da Inglaterra

A França em 1483, à morte de Luís XI

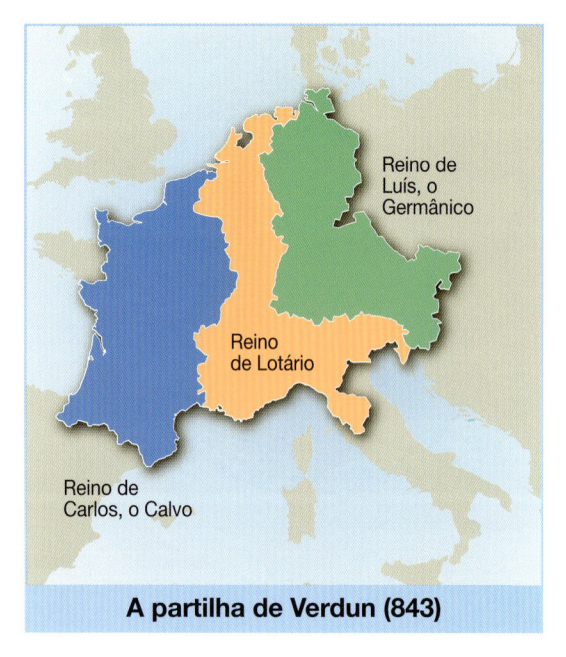

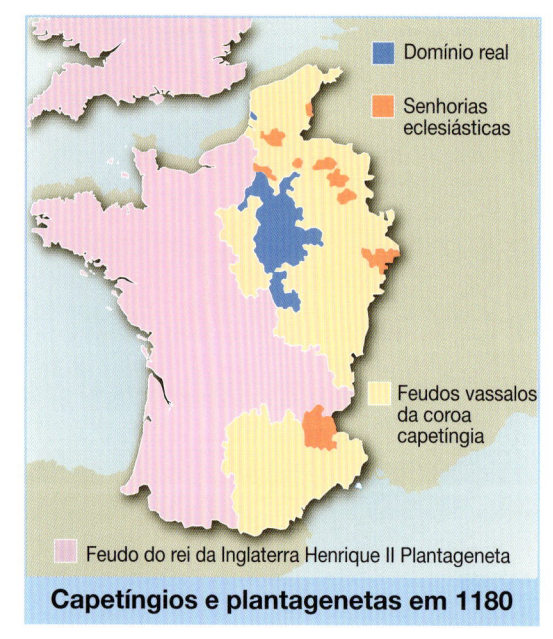

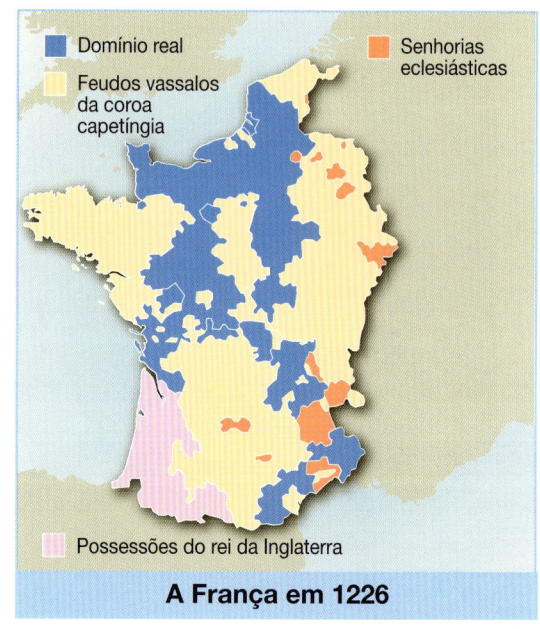

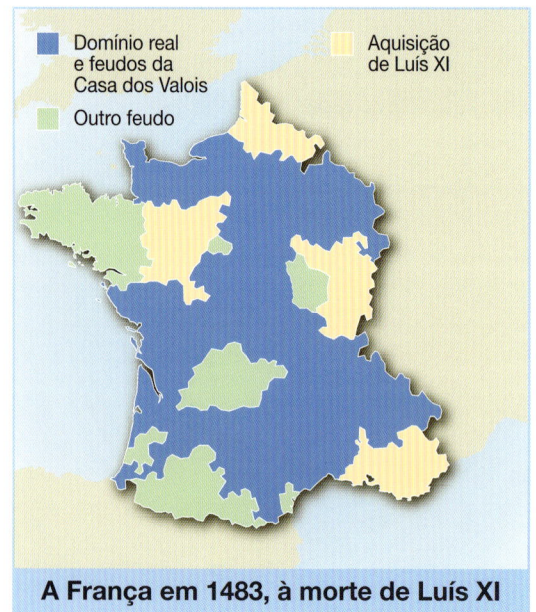

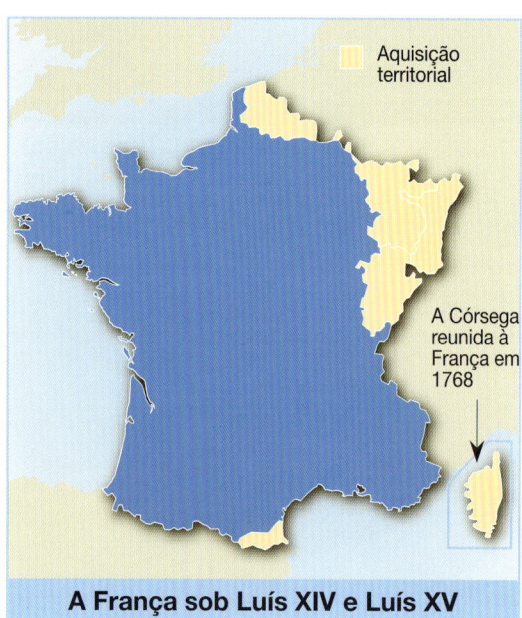

- Domínio real e feudos da Casa dos Valois
- Outro feudo
- Aquisição de Luís XI

A França sob Luís XIV e Luís XV

- Aquisição territorial
- A Córsega reunida à França em 1768

O Império francês de Napoleão I em 1811

- Delimitação de departamento

J.-P. Magnier, 2008 © Armand Colin

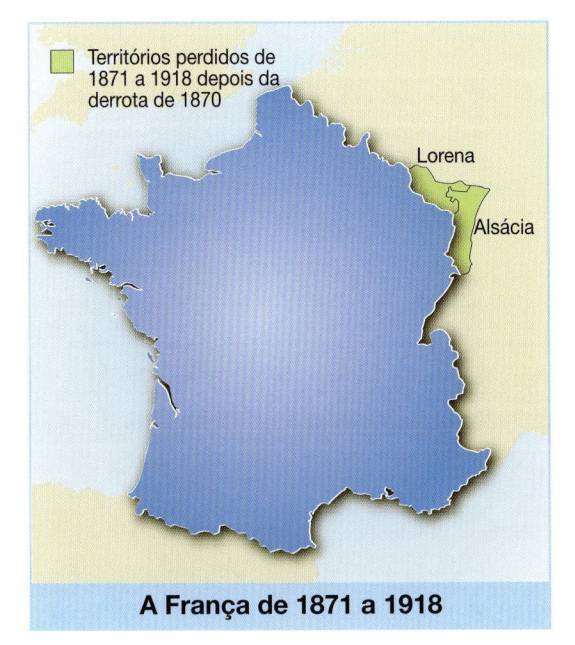

A França de 1871 a 1918

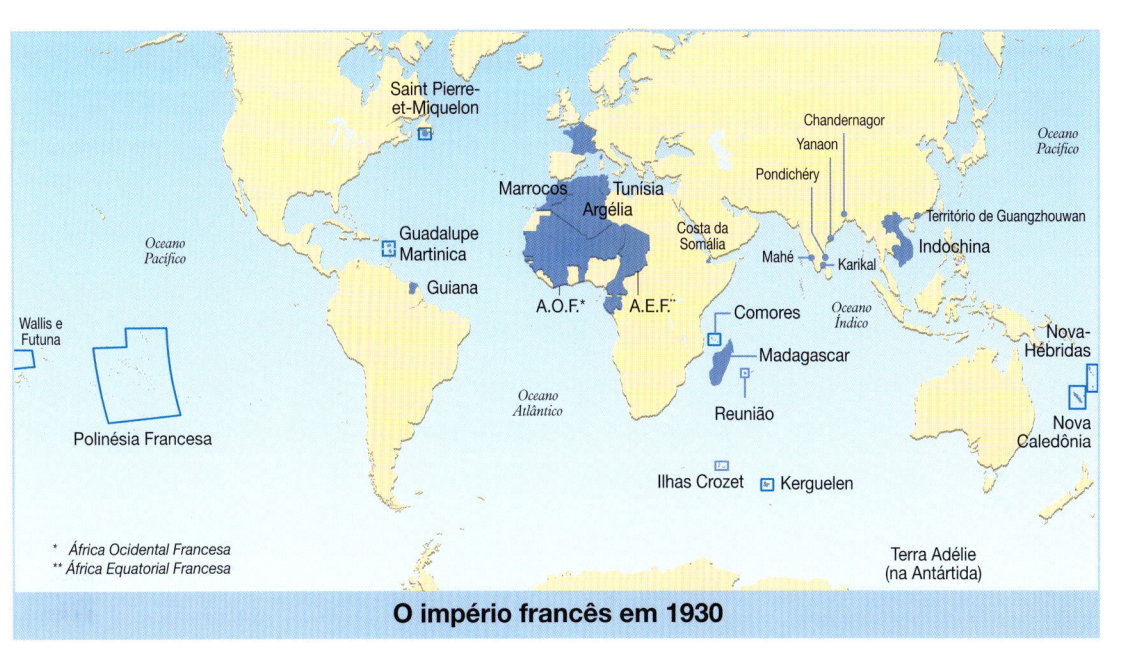

- Territórios perdidos de 1871 a 1918 depois da derrota de 1870
- Lorena
- Alsácia

O império francês em 1930

Saint Pierre-et-Miquelon, Guadalupe, Martinica, Guiana, Wallis e Futuna, Polinésia Francesa, Marrocos, Tunísia, Argélia, Costa da Somália, A.O.F.*, A.E.F.**, Chandernagor, Yanaon, Pondichéry, Mahé, Karikal, Território de Guangzhouwan, Indochina, Comores, Madagascar, Reunião, Ilhas Crozet, Kerguelen, Nova-Hébridas, Nova Caledônia, Terra Adélie (na Antártida)

* África Ocidental Francesa
** África Equatorial Francesa

A descolonização francesa

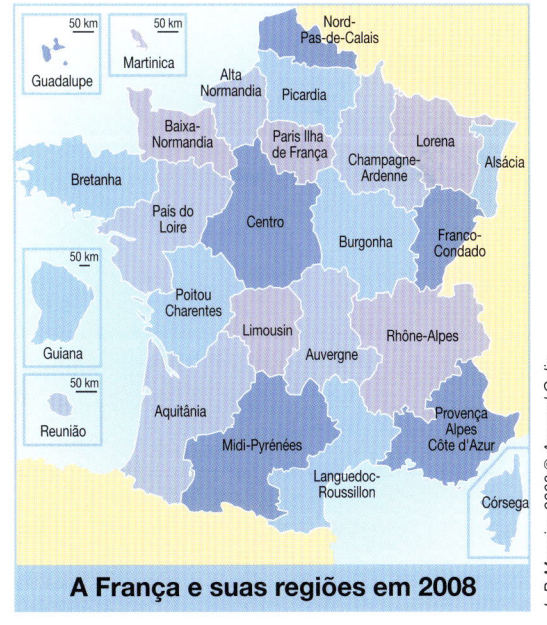

- Marrocos 1956
- Tunísia 1956
- Argélia 1962
- Mauritânia, Mali, Níger, Chade (independência em 1960)
- Senegal, Alto-Volta, Benin, Rep. Centro-africana
- Guiné 1958
- Costa do Marfim, Togo, Camarões 1968, Gabão, Congo Brazzaville
- Djibuti 1977
- Laos 1954
- Camboja 1954
- Vietnã 1954
- Comores 1975
- Mayotte
- Madagascar
- Reunião

1956 data da independência
independência em *1960*

A França e suas regiões em 2008

Guadalupe, Martinica, Guiana, Reunião, Nord-Pas-de-Calais, Alta Normandia, Picardia, Baixa-Normandia, Paris Ilha de França, Lorena, Champagne-Ardenne, Alsácia, Bretanha, País do Loire, Centro, Burgonha, Franco-Condado, Poitou Charentes, Limousin, Auvergne, Rhône-Alpes, Aquitânia, Midi-Pyrénées, Languedoc-Roussillon, Provença Alpes Côte d'Azur, Córsega

J.-P. Magnier, 2008 © Armand Colin

Legenda:
- Relação privilegiada
- Relação bilateral forte
- Relação difícil
- Relação econômica forte, apesar das diferenças políticas

Oceano Ártico · Oceano Pacífico · Oceano Atlântico · Oceano Índico

União Europeia · ALEMANHA · Polônia · França · Estados Unidos · Turquia · Rússia · China · Japão

J.-P. Magnier, 2008 © Armand Colin

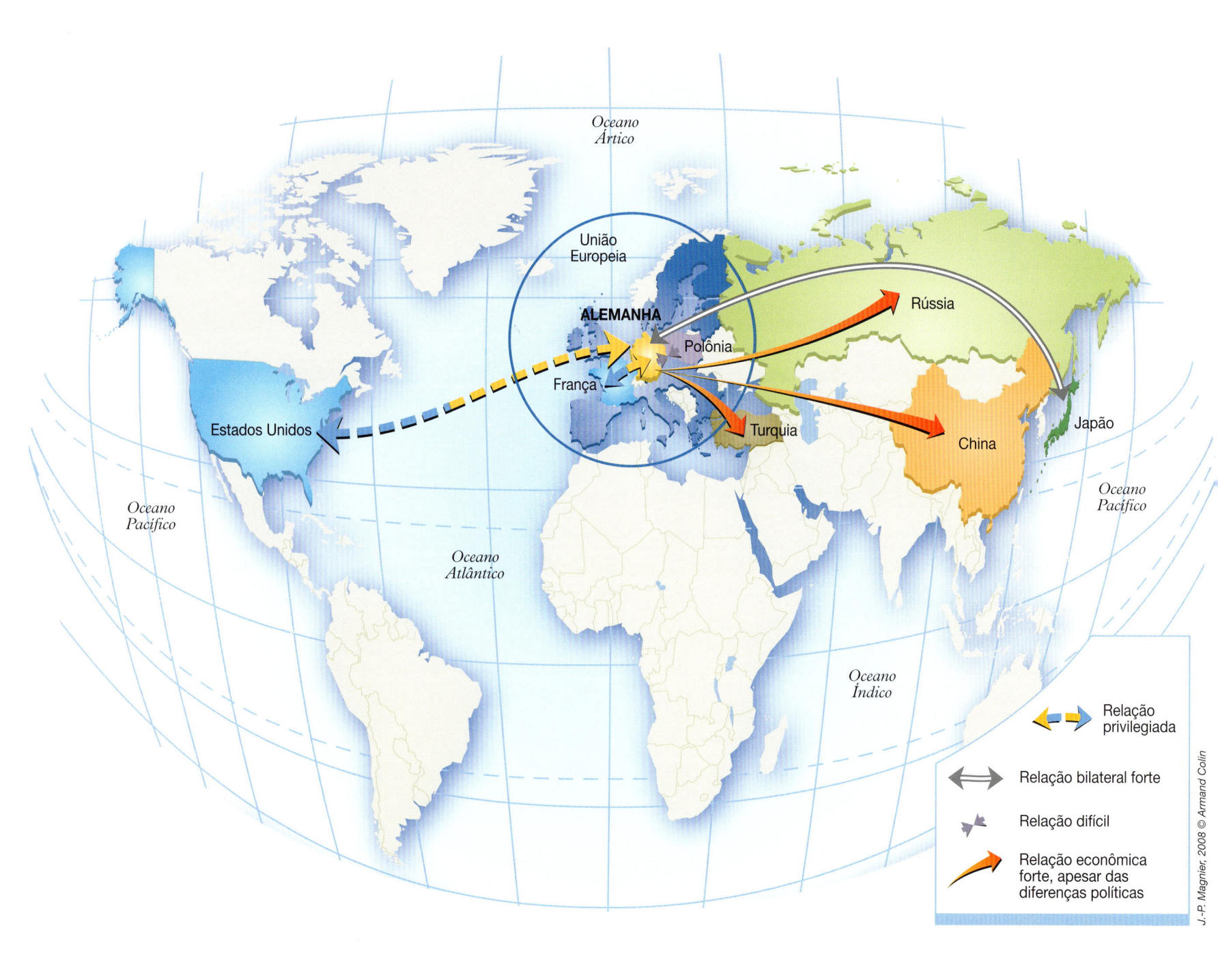

O MUNDO VISTO PELA...

ALEMANHA

A fragmentação da Alemanha em múltiplos reinos e principados — o que a França sempre se esforçou por manter — por muito tempo impediu sua emergência como potência maior. Foi Bismarck quem efetivou, em nove anos, sua unidade sob a égide da Prússia, coroada pela vitória militar sobre a França em 1871. O império alemão se afirma então como a potência dominante da Europa, tanto no plano demográfico quanto no industrial e militar.

Esse aumento do poder de Berlim rompe o equilíbrio europeu do século XIX, estabelecido pelo Congresso de Viena em 1815. A exacerbação das rivalidades europeias e o jogo de alianças conduzem à Primeira Guerra Mundial, de que a Alemanha sai vencida pelos aliados, humilhada e exangue. Mas ela considera injusto ter de carregar sozinha a responsabilidade e as consequências dessa derrota. Quando estava a ponto de suplantar a Grã-Bretanha como primeira potência mundial, a Alemanha se vê obrigada a pagar pesadas indenizações, privada de seu império colonial e em pouco tempo arruinada pela crise de 1929. Hitler explora esse sentimento de humilhação e desejo de revanche atiçados pela precariedade social. Eleito em 1933 com o partido nazista, ele lança a Alemanha numa corrida pela conquista de um "espaço vital" notadamente a leste, baseada no ódio racial antieslavo e antissemita. O "Reich de mil anos" termina em 1945 com uma derrota total, a ocupação da Alemanha pelos aliados e sua divisão entre ocidentais e soviéticos.

Os Estados Unidos impõem então à Alemanha Ocidental a democracia, o reconhecimento dos crimes do nazismo, a renúncia ao poder estratégico, a integração à aliança atlântica e à construção europeia e sua proteção contra a ameaça soviética. A partir dos anos 1960, a reconciliação com a França torna-se efetiva e a dupla franco-alemã é o motor da construção europeia.

A reunificação da Alemanha, simbolizada pela queda do muro de Berlim em 1989, oficializada em 1990, e o desaparecimento da ameaça soviética dão ao país um novo peso e novas margens de manobra, que permitem uma afirmação mais clara de seus interesses no seio da Europa unificada (27 países membros em 2007) e no mundo. Ao longo dos anos 1991-2007, a Alemanha conquista pela negociação o primeiro lugar no Parlamento Europeu (possui 99 dos 785 assentos) e no Conselho da Europa (18% dos votos válidos em 2007). Ela usou de toda sua força para que os 27 Estados-membros aceitassem, com o Tratado de Lisboa, o conteúdo da Constituição não ratificada. Em suas relações com a França, com os outros membros da União e com os Estados Unidos, a Alemanha combina sua vontade de fortalecer a Europa e, cada vez mais, a defesa de seus próprios interesses econômicos, energéticos e industriais. Marcando claramente seu comprometimento com os direitos humanos, zela por eles também em suas relações com a Rússia e com a China.

> *A Alemanha tem o maior peso no Conselho da Europa*

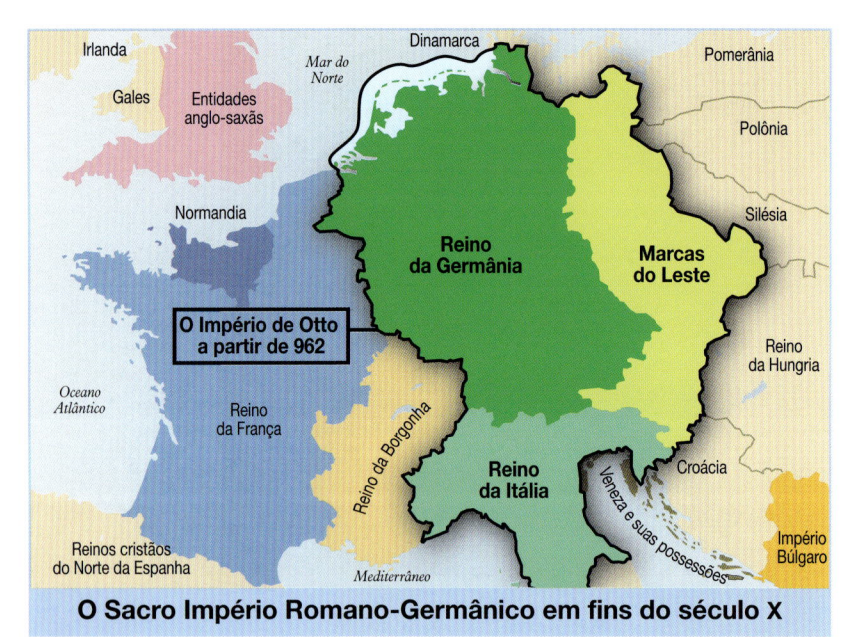

O Sacro Império Romano-Germânico em fins do século X

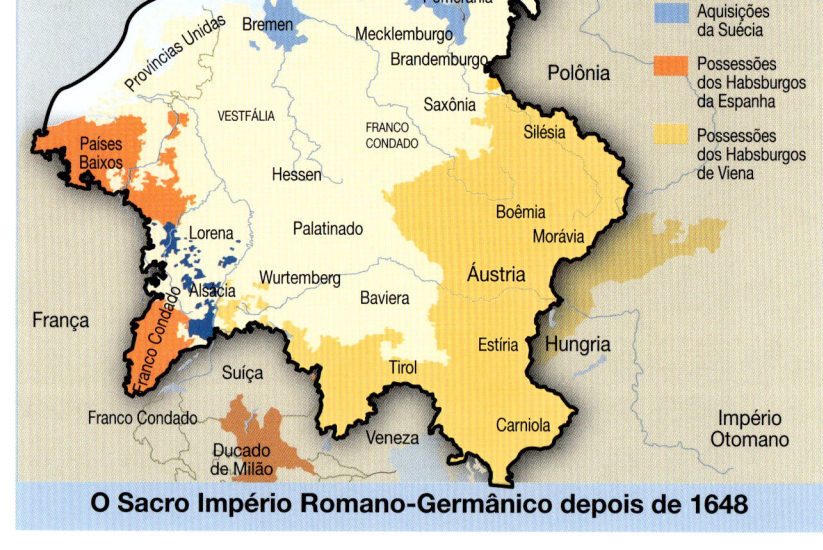

O Império de Otto a partir de 962

Irlanda, Gales, Entidades anglo-saxãs, Dinamarca, Mar do Norte, Pomerânia, Polônia, Silésia, Normandia, Reino da Germânia, Marcas do Leste, Reino da Hungria, Oceano Atlântico, Reino da França, Reino da Borgonha, Reino da Itália, Croácia, Veneza e suas possessões, Reinos cristãos do Norte da Espanha, Mediterrâneo, Império Búlgaro

O Sacro Império Romano-Germânico depois de 1648

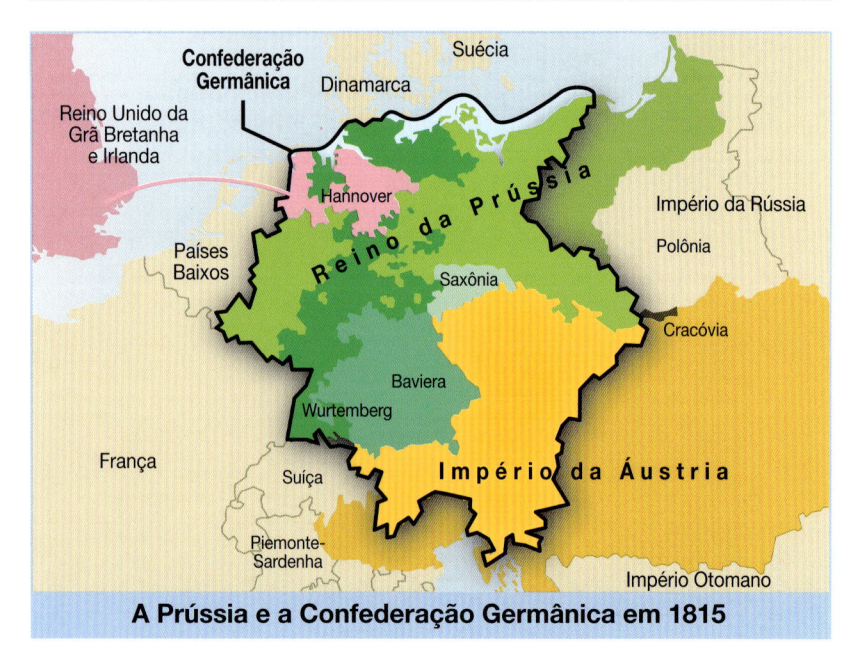

- Aquisições da França
- Aquisições da Suécia
- Possessões dos Habsburgos da Espanha
- Possessões dos Habsburgos de Viena

Dinamarca, Mar do Norte, Báltico, Holstein, Bremen, Pomerânia, Mecklemburgo, Brandemburgo, Províncias Unidas, Polônia, Vestfália, Saxônia, Silésia, Países Baixos, Hessen, Franco Condado, Boêmia, Morávia, Lorena, Palatinado, Alsácia, Wurtemberg, Baviera, Áustria, França, Franco Condado, Suíça, Tirol, Estíria, Hungria, Veneza, Carniola, Ducado de Milão, Império Otomano

A Prússia e a Confederação Germânica em 1815

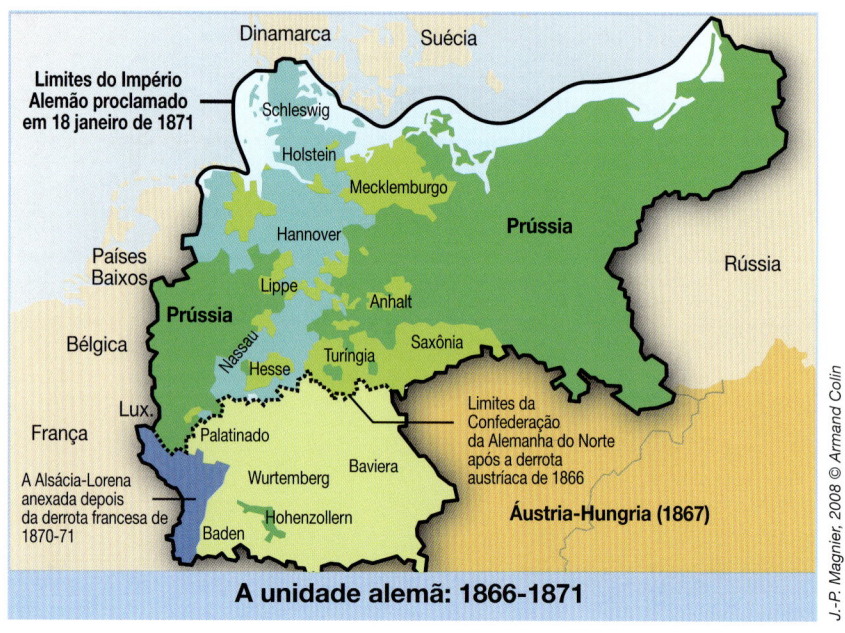

Confederação Germânica, Suécia, Dinamarca, Reino Unido da Grã Bretanha e Irlanda, Hannover, Reino da Prússia, Império da Rússia, Países Baixos, Saxônia, Polônia, Cracóvia, França, Baviera, Wurtemberg, Império da Áustria, Suíça, Piemonte-Sardenha, Império Otomano

A unidade alemã: 1866-1871

Limites do Império Alemão proclamado em 18 janeiro de 1871

Dinamarca, Suécia, Schleswig, Holstein, Mecklemburgo, Prússia, Hannover, Lippe, Rússia, Países Baixos, Anhalt, Bélgica, Nassau, Saxônia, Turíngia, França, Lux., Hesse, Palatinado, Wurtemberg, Baviera, Baden, Hohenzollern, Áustria-Hungria (1867)

A Alsácia-Lorena anexada depois da derrota francesa de 1870-71

Limites da Confederação da Alemanha do Norte após a derrota austríaca de 1866

J.-P. Magnier, 2008 © Armand Colin

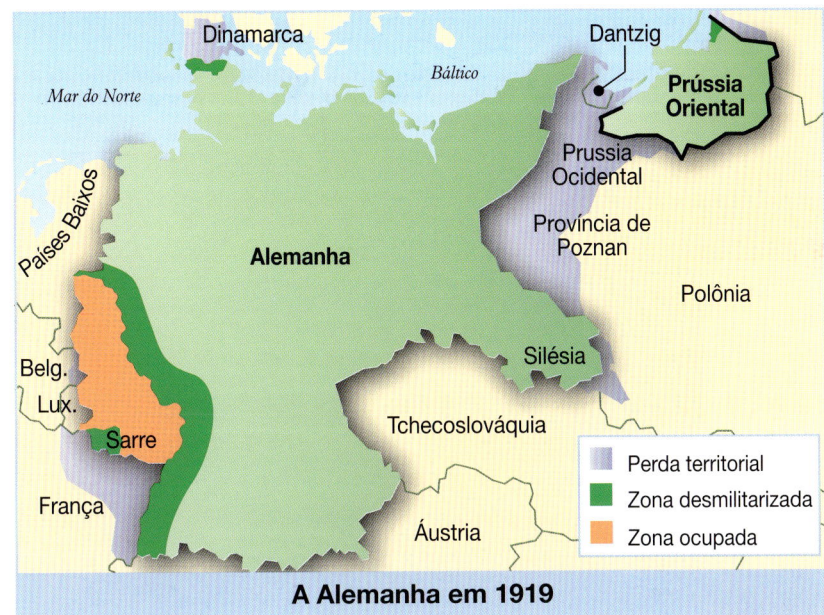

A Alemanha em 1919

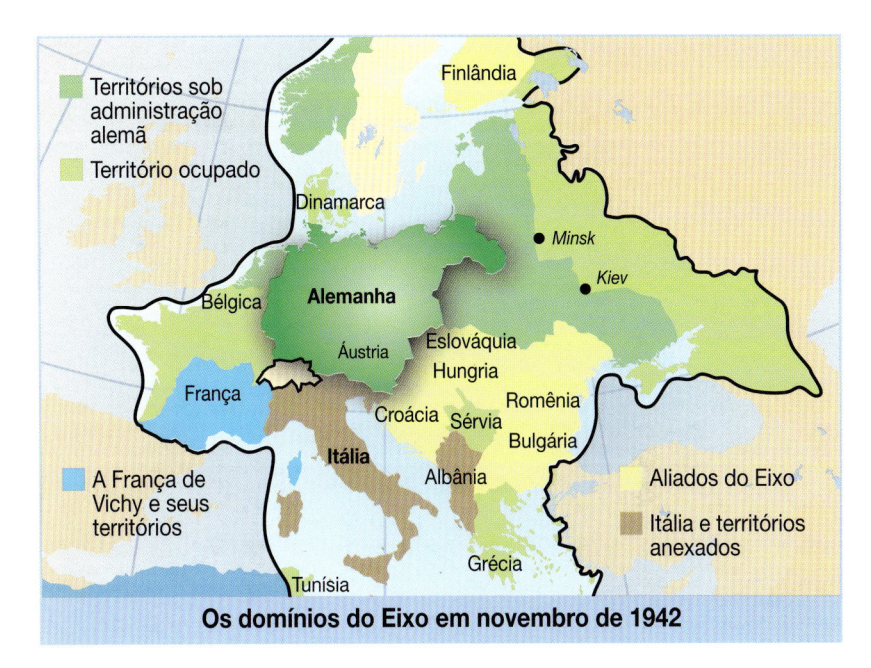

- Perda territorial
- Zona desmilitarizada
- Zona ocupada

Os domínios do Eixo em novembro de 1942

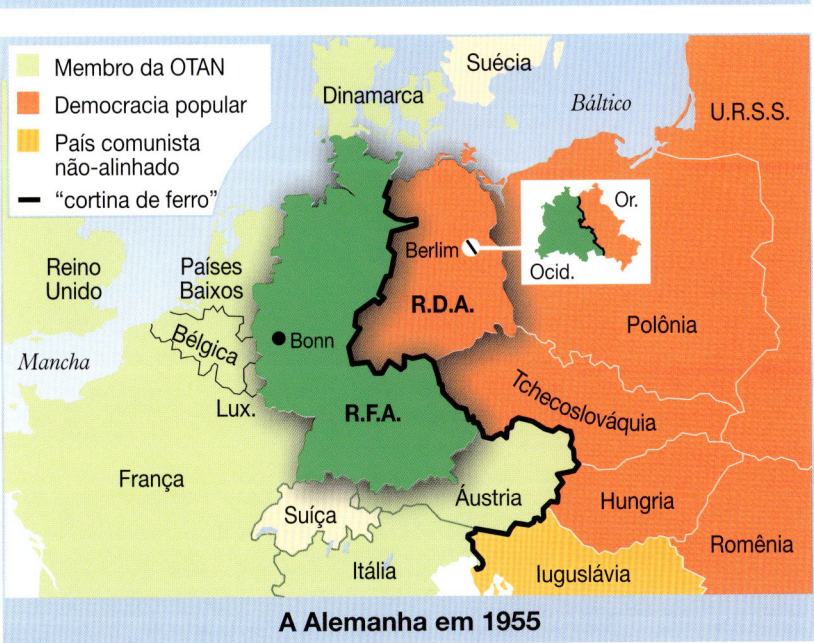

- Territórios sob administração alemã
- Território ocupado
- A França de Vichy e seus territórios
- Aliados do Eixo
- Itália e territórios anexados

A Alemanha em 1955

- Membro da OTAN
- Democracia popular
- País comunista não-alinhado
- "cortina de ferro"

R.F.A. — Bonn
R.D.A.
Berlim (Ocid. / Or.)

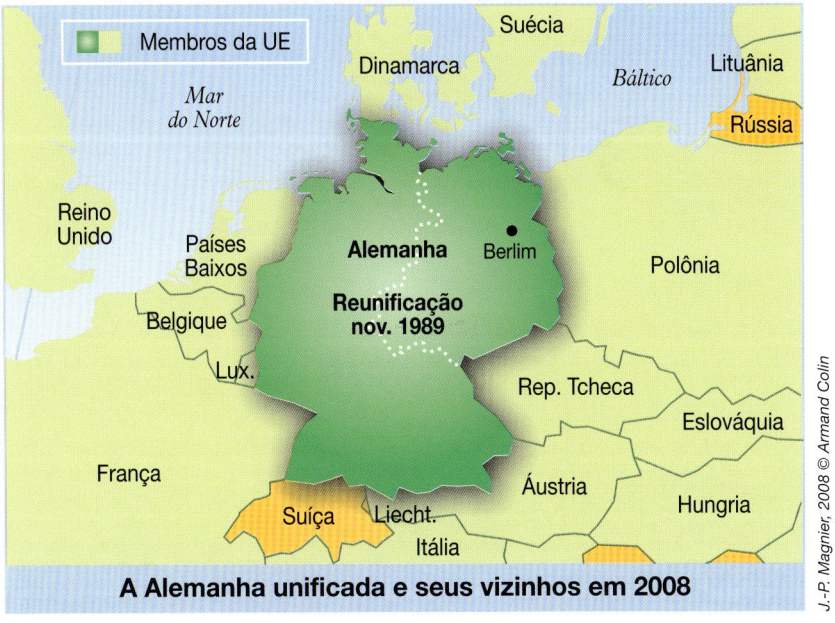

A Alemanha unificada e seus vizinhos em 2008

- Membros da UE

Reunificação nov. 1989

J.-P. Magnier, 2008 © Armand Colin

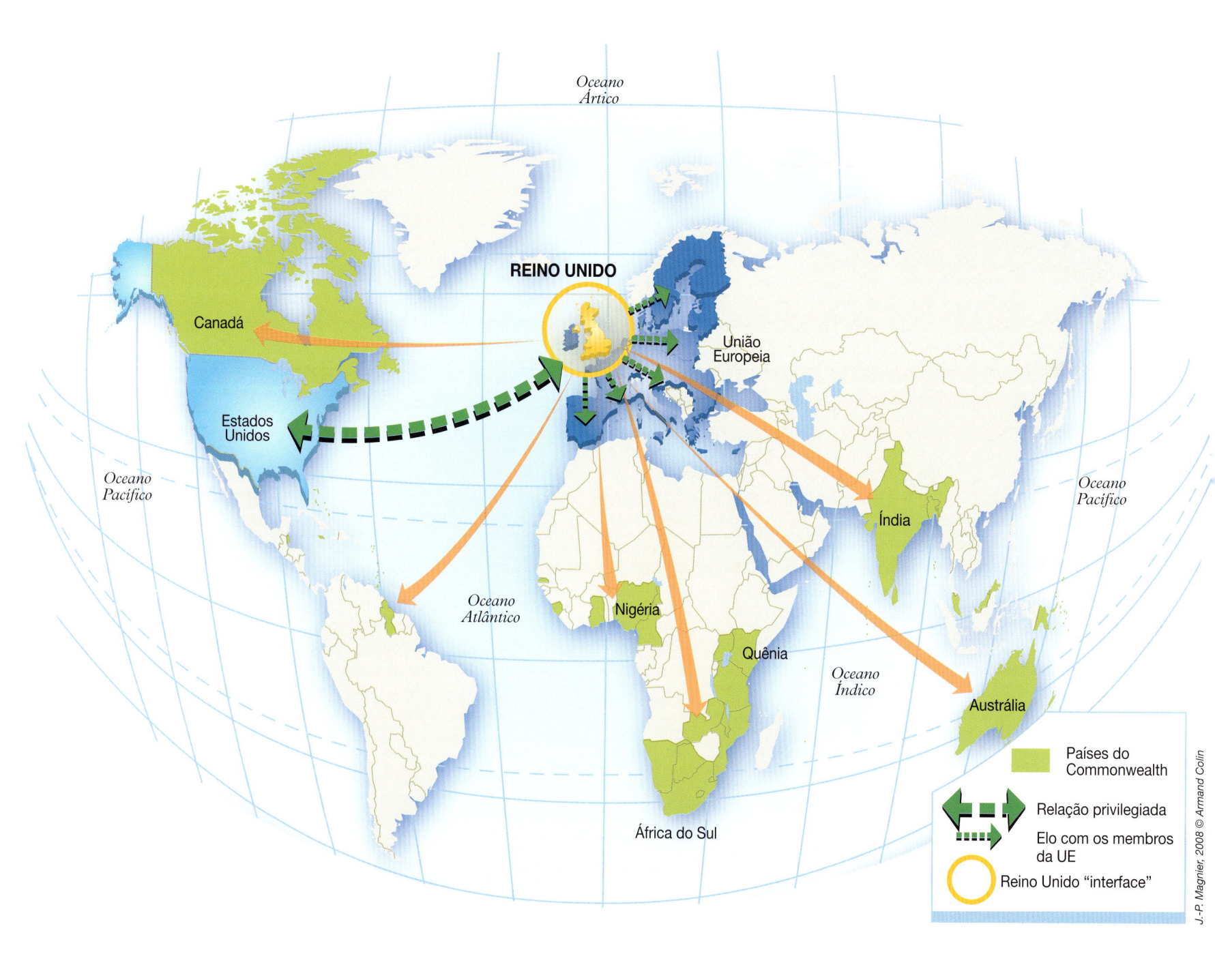

REINO UNIDO

- Canadá
- Estados Unidos
- União Europeia
- Índia
- Nigéria
- Quênia
- África do Sul
- Austrália

Oceano Ártico
Oceano Pacífico
Oceano Atlântico
Oceano Índico

Legenda:
- Países do Commonwealth
- Relação privilegiada
- Elo com os membros da UE
- Reino Unido "interface"

J.-P. Magnier, 2008 © Armand Colin

O MUNDO VISTO PELO...

REINO UNIDO

A Guerra dos Cem Anos, no século XV, marca o fim das possessões continentais da Inglaterra. O país vai então se estender nas ilhas britânicas na Irlanda (1541), na Escócia (em duas ocasiões: 1603 e 1707) e no ultramar. Às vésperas da Revolução Francesa, o reino britânico está enfraquecido pela perda de suas colônias americanas. Mais tarde, seu caráter insular o protegerá da conquista napoleônica. Ao longo de todo o século XIX, a Grã-Bretanha zela, sempre que possível sem intervir, pela manutenção de um equilíbrio entre as potências europeias continentais, a fim de que nenhuma predomine. É o "isolamento esplêndido". Ela dá continuidade a sua expansão colonial e comercial no resto do mundo e se torna, no século XIX, a primeira potência comercial, industrial e mundial. A libra esterlina é então a moeda internacional.

Diante da ameaça alemã, a Grã-Bretanha se aproxima da França, assinando a *entente cordiale* em 1904. Depois da Primeira Guerra Mundial, vê sua supremacia sofrer a concorrência dos Estados Unidos. O Reino Unido é, em seguida, o único país a lutar heroicamente contra a Alemanha nazista, do início ao fim da Segunda Guerra Mundial. Mas sai duradouramente enfraquecido e enfrenta a perda de seu império colonial e de sua preeminência comercial e marítima. A fim de restabelecer um novo equilíbrio continental europeu diante da ameaça soviética, W. Churchill obtém para a França uma zona de ocupação na Alemanha e uma cadeira de membro permanente no Conselho de Segurança da ONU. A exigência norte-americana de pôr fim à expedição de Suez, em 1956, faz o Reino Unido compreender que não tem mais condições de liderar sozinho uma operação estratégica de grande envergadura, e ainda menos contra a vontade de Washington. Ele se mantém longe da reconstrução europeia, na qual vê um risco de diluição de sua identidade e de seus interesses, e preserva sua "relação especial" com os Estados Unidos.

Na guerra do Iraque, a influência de Londres sobre Washington foi nula

Espera, com efeito, que seus laços históricos, a comunidade filosófica e linguística entre as duas nações e a influência que podem exercer seus primeiros-ministros sobre os presidentes norte-americanos sejam um multiplicador da sua influência. Em 1973, resigna-se, finalmente, a participar da reconstrução europeia, em que permanece como uma parceira reticente, embora conservando laços específicos com os países do Commonwealth. Durante a guerra do Iraque, a subordinação de Tony Blair, considerado um joguete dos Estados Unidos, causa verdadeiro mal-estar. A influência de Londres sobre Washington revela-se inexistente. A Grã-Bretanha se confronta com o descrédito que assola os países que se lançaram nessa guerra, mas estima ainda ter um papel capital de intermediário entre os EUA e os outros países europeus. Ainda mais sendo Londres o centro das finanças mundiais.

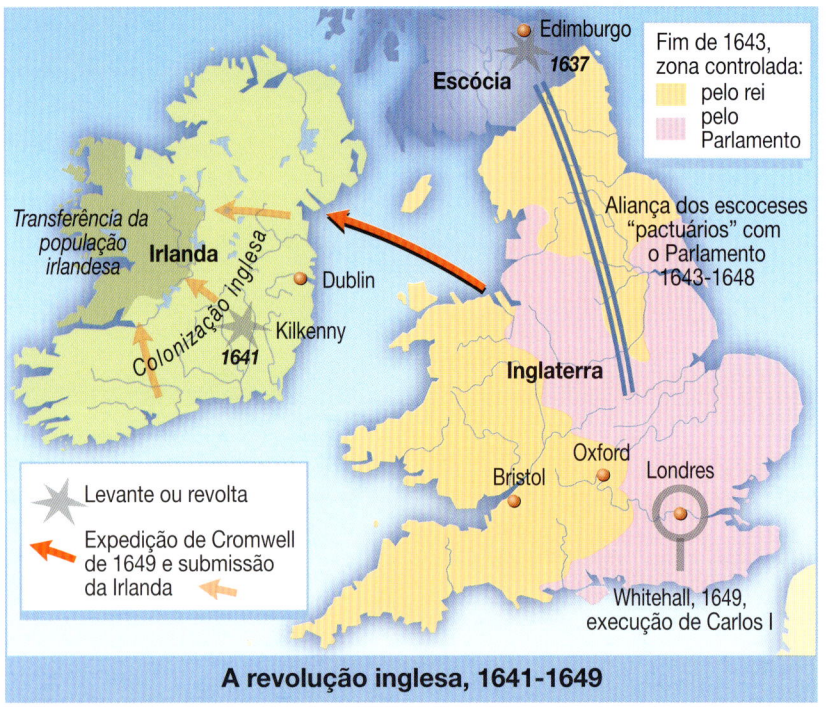

A revolução inglesa, 1641-1649

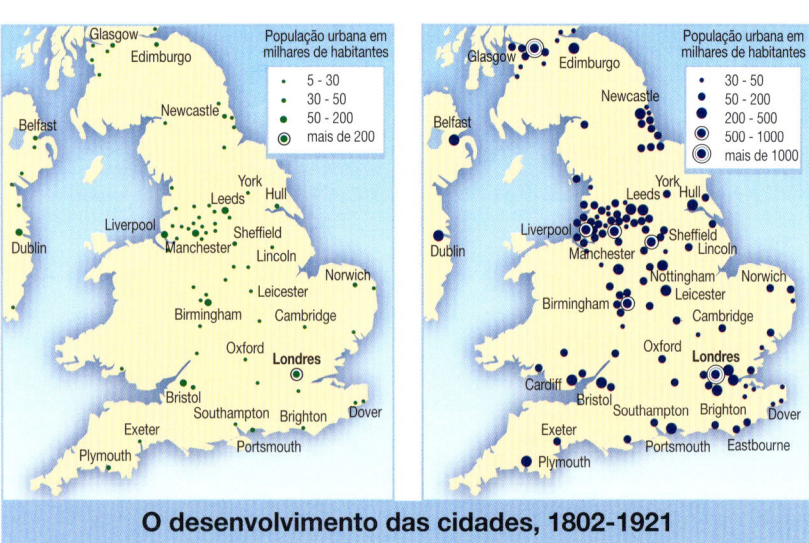

Fim de 1643, zona controlada:
- pelo rei (amarelo)
- pelo Parlamento (rosa)

Aliança dos escoceses "pactuários" com o Parlamento 1643-1648

Transferência da população irlandesa
Colonização inglesa
Escócia — Edimburgo 1637
Irlanda — Dublin, Kilkenny 1641
Inglaterra — Bristol, Oxford, Londres
Whitehall, 1649, execução de Carlos I

- ★ Levante ou revolta
- → Expedição de Cromwell de 1649 e submissão da Irlanda

O desenvolvimento das cidades, 1802-1921

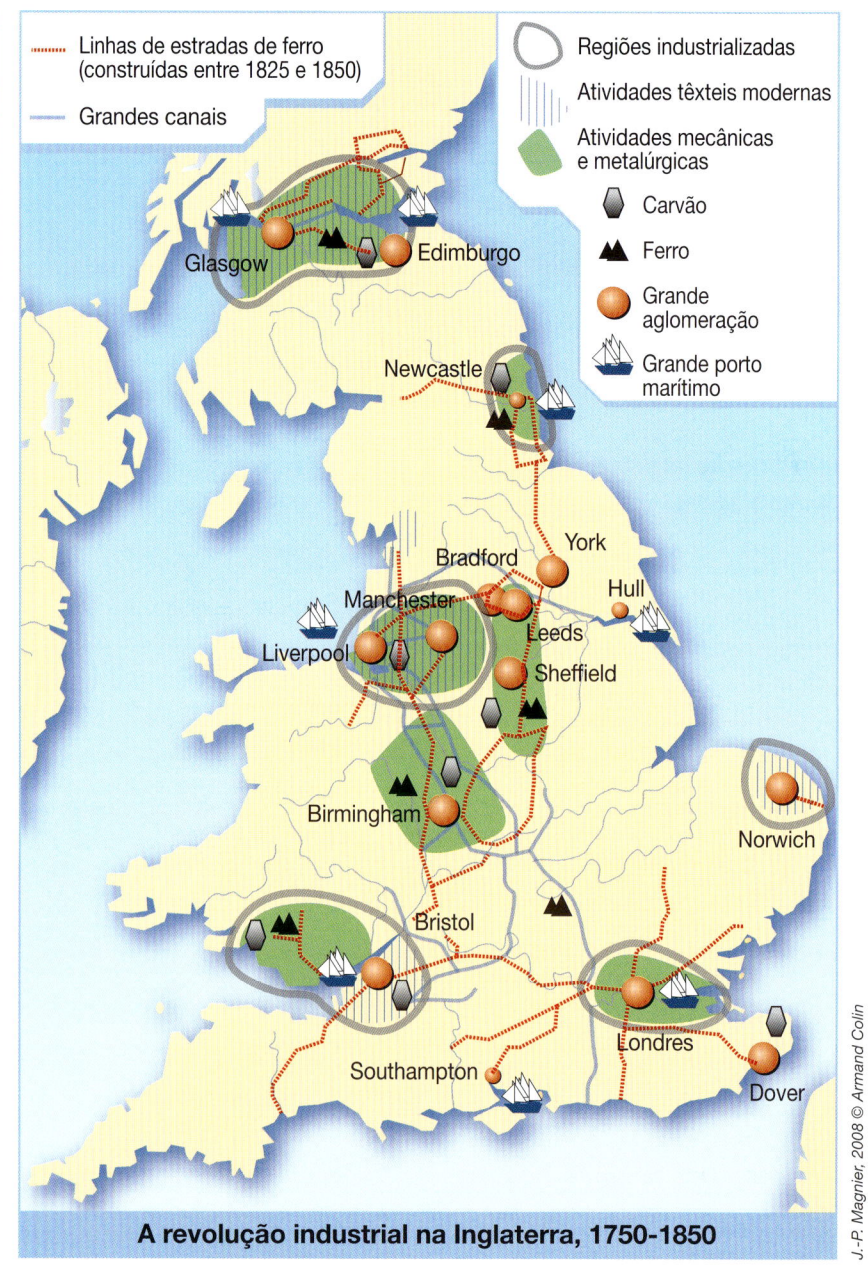

População urbana em milhares de habitantes:
- 5 – 30
- 30 – 50
- 50 – 200
- mais de 200

População urbana em milhares de habitantes:
- 30 – 50
- 50 – 200
- 200 – 500
- 500 – 1000
- mais de 1000

Cidades: Glasgow, Edimburgo, Belfast, Newcastle, Dublin, Liverpool, Leeds, York, Hull, Manchester, Sheffield, Lincoln, Birmingham, Nottingham, Norwich, Leicester, Cambridge, Cardiff, Bristol, Oxford, Londres, Southampton, Brighton, Dover, Exeter, Portsmouth, Eastbourne, Plymouth

A revolução industrial na Inglaterra, 1750-1850

- ···· Linhas de estradas de ferro (construídas entre 1825 e 1850)
- — Grandes canais
- ⬭ Regiões industrializadas
- ||| Atividades têxteis modernas
- ▨ Atividades mecânicas e metalúrgicas
- ⬢ Carvão
- ▲ Ferro
- ● Grande aglomeração
- ⛵ Grande porto marítimo

Glasgow, Edimburgo, Newcastle, Liverpool, Manchester, Bradford, York, Hull, Leeds, Sheffield, Birmingham, Norwich, Bristol, Southampton, Londres, Dover

J.-P. Magnier, 2008 © Armand Colin

O Império Britânico em 1901

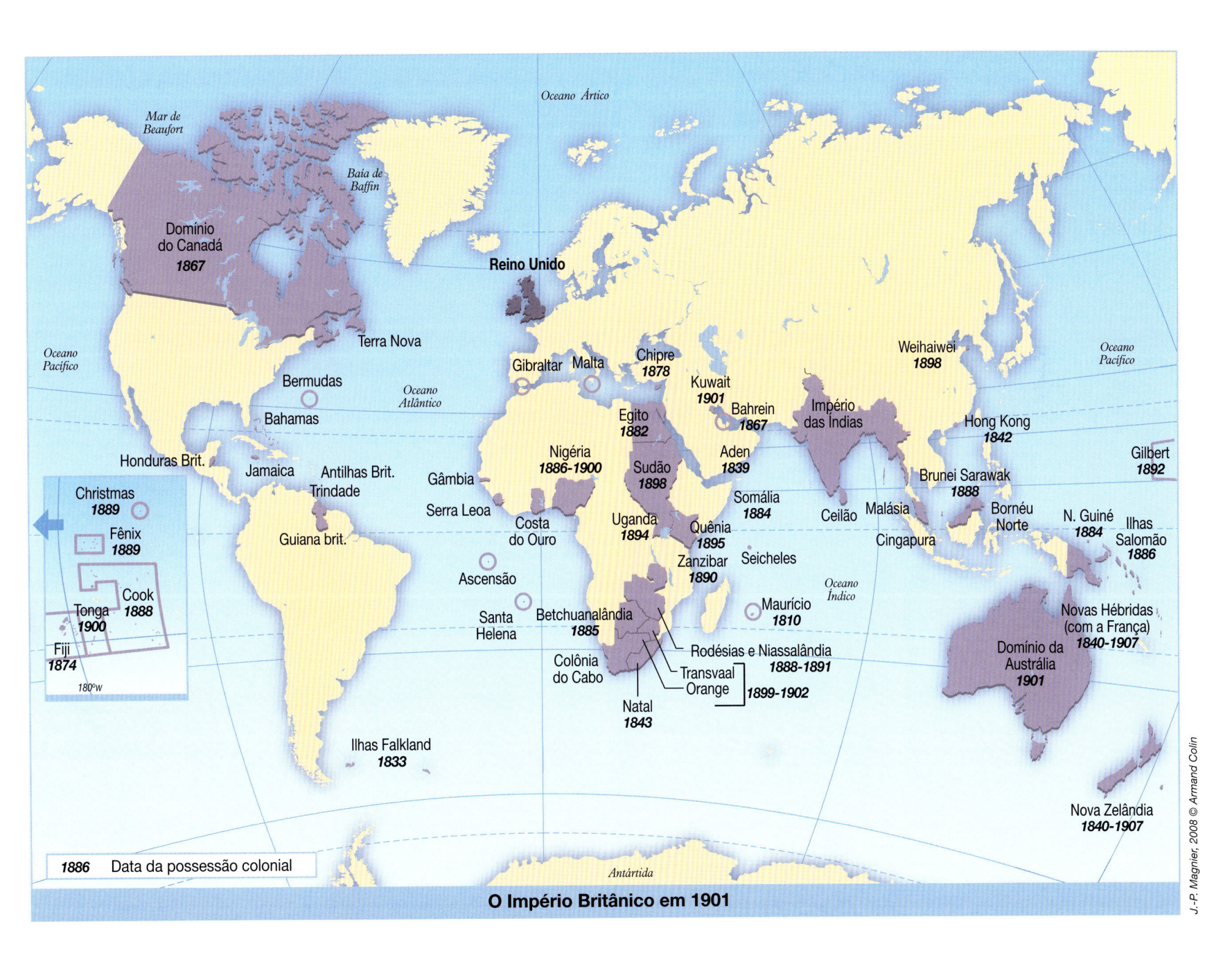

- Domínio do Canadá — 1867
- Mar de Beaufort
- Baía de Baffin
- Oceano Ártico
- Reino Unido
- Terra Nova
- Oceano Pacífico
- Oceano Atlântico
- Bermudas
- Bahamas
- Honduras Brit.
- Jamaica
- Antilhas Brit. Trindade
- Guiana brit.
- Gâmbia
- Serra Leoa
- Costa do Ouro
- Nigéria — 1886-1900
- Gibraltar
- Malta
- Chipre — 1878
- Egito — 1882
- Sudão — 1898
- Uganda — 1894
- Quênia — 1895
- Zanzibar — 1890
- Kuwait — 1901
- Bahrein — 1867
- Aden — 1839
- Somália — 1884
- Seicheles
- Império das Índias
- Ceilão
- Malásia
- Cingapura
- Weihaiwei — 1898
- Hong Kong — 1842
- Brunei Sarawak — 1888
- Bornéu Norte
- N. Guiné — 1884
- Gilbert — 1892
- Ilhas Salomão — 1886
- Ascensão
- Santa Helena
- Betchuanalândia — 1885
- Colônia do Cabo
- Natal — 1843
- Rodésias e Niassalândia — 1888-1891
- Transvaal / Orange — 1899-1902
- Maurício — 1810
- Oceano Índico
- Christmas — 1889
- Fênix — 1889
- Cook — 1888
- Tonga — 1900
- Fiji — 1874
- 180°W
- Novas Hébridas (com a França) — 1840-1907
- Domínio da Austrália — 1901
- Nova Zelândia — 1840-1907
- Ilhas Falkland — 1833
- Antártida

1886 Data da possessão colonial

J.-P. Magnier, 2008 © Armand Colin

Oceano Ártico

União Europeia

Rússia

Alemanha

POLÔNIA

Estados Unidos

Oceano Atlântico

Oceano Pacífico

Oceano Pacífico

Oceano Índico

Legenda:
- Relação de amizade e de cooperação militar
- Relação chave
- Desconfiança persistente

J.-P. Magnier, 2008 © Armand Colin

O MUNDO VISTO PELA...
POLÔNIA

Muitas vezes trágica, a história da Polônia permite compreender as concepções atuais dos poloneses. Constantemente submissa às influências e aos apetites de seus vizinhos, notadamente a Alemanha e a Rússia, a Polônia viu em muitas ocasiões sua soberania ser contestada, quiçá até mesmo negada. Ela foi riscada do mapa no final do século XVIII, recriada sob a forma do Ducado de Varsóvia por Napoleão I, depois novamente suprimida ao fim do Congresso de Viena e dividida entre a Rússia, a Áustria e a Prússia. Recriada pelo Tratado de Versalhes em 1919, foi ocupada pela Alemanha nazista na Segunda Guerra Mundial, depois submetida ao domínio soviético até o fim da guerra fria. A Polônia mantém até hoje relações complicadas com a Alemanha, apesar de seu reconhecimento dos crimes nazistas e da renúncia explícita, pela Alemanha reunificada, dos territórios alemães a leste da linha Oder-Neisse, atribuídos à Polônia em 1945. Ela continua temendo qualquer tentativa de influência ou dominação russa — por exemplo, energética. A história faz com que ela não confie nem nos tratados nem nas garantias das instituições internacionais. Portanto, vê na proteção norte-americana o único meio de pôr em xeque os apetites russos, e também uma maneira de contrabalancear as influências alemã e francesa. Embora a França e a Inglaterra tenham ido em seu socorro contra o nazismo e, ao longo da guerra fria, os franceses tenham sempre defendido o fim da divisão europeia em blocos, os poloneses têm a sensação de dever sua salvação contra o nazismo e o comunismo somente aos Estados Unidos.

A acentuada religiosidade das duas sociedades e a presença de uma forte comunidade polonesa bem organizada nos Estados Unidos ajudam a consolidar esse elo. Tal legado levou a Polônia a seguir sem reservas a política da administração Bush e a apoiar a guerra do Iraque. Sua adesão à OTAN — facilitada pela vontade norte-americana de alargar o máximo possível a Aliança após a queda da URSS, sustentada pelo *lobby* polonês dos EUA, comparado às longas e irritantes negociações de sua adesão à União Europeia — veio confirmar esse sentimento de uma maior amizade e abertura dos Estados Unidos frente à Polônia que por parte da Europa, muito embora o desenvolvimento econômico polonês se deva principalmente a sua integração europeia. A extrema sensibilidade da Polônia em relação a tudo o que concerne à sua soberania e às suas posturas acerca de questões sociais, consideradas retrógradas, fazem dela uma parceira difícil para os demais países europeus. Contudo, os sentimentos pró-americanos da opinião pública tendem a diminuir, por causa dos resultados catastróficos da guerra do Iraque. O mais provável é que, com o tempo, a Polônia — embora permaneça uma parceira difícil e muito desconfiada em relação à Rússia — assuma cada vez mais sua situação de grande país da União Europeia e acabe encontrando uma maneira nova de exercer sua influência sobre ela.

> *A Polônia tem pouca confiança nos tratados e instituições internacionais*

Legenda:

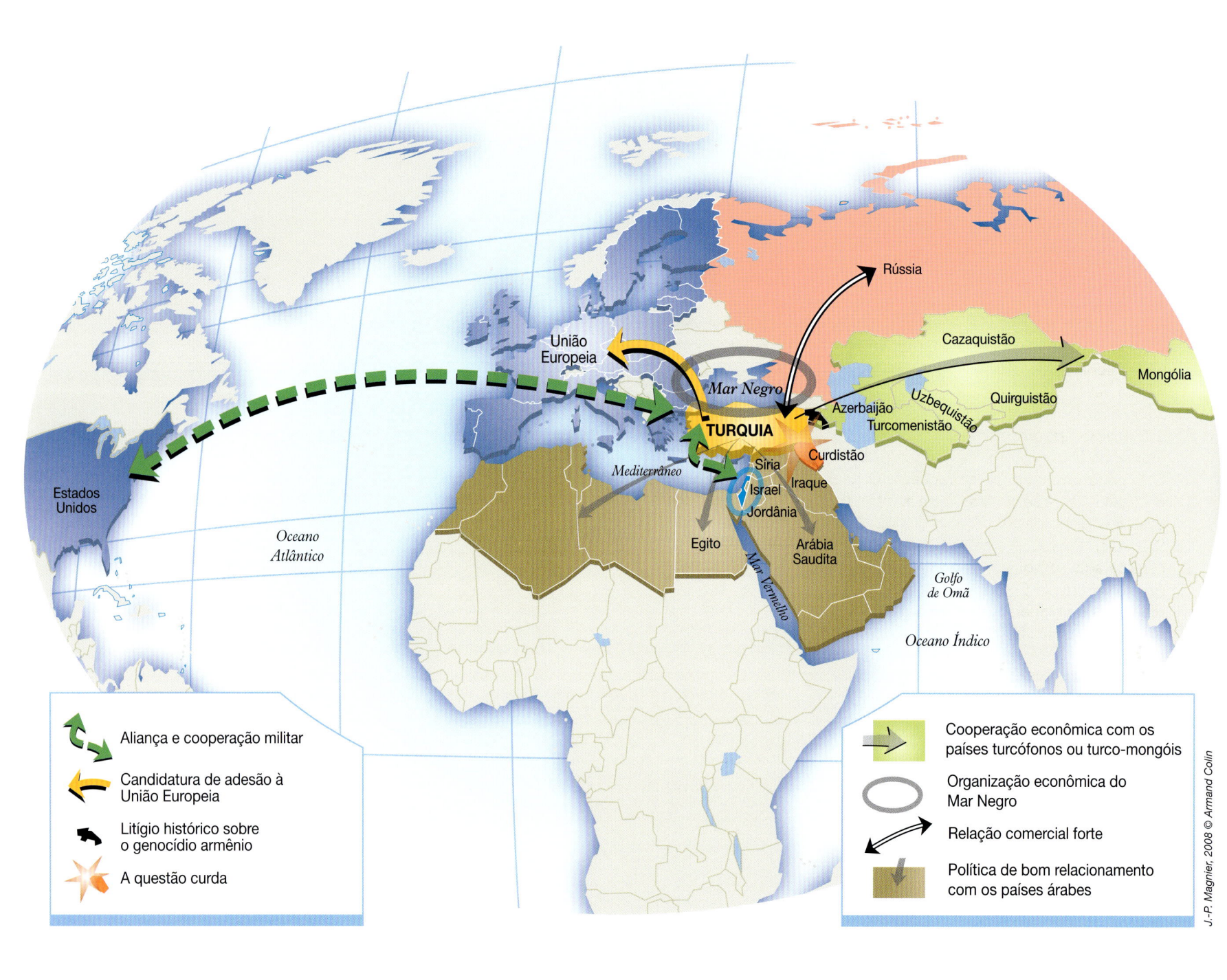

➤ Aliança e cooperação militar
➤ Candidatura de adesão à União Europeia
➤ Litígio histórico sobre o genocídio armênio
✦ A questão curda

➤ Cooperação econômica com os países turcófonos ou turco-mongóis
◯ Organização econômica do Mar Negro
⇄ Relação comercial forte
➤ Política de bom relacionamento com os países árabes

J.-P. Magnier, 2008 © Armand Colin

O MUNDO VISTO PELA...
TURQUIA

Edificado no século XV, o Império Otomano conhece seu apogeu em 1529 com o infrutífero cerco de Viena. Solimão, aliado de Francisco I, disputa então a hegemonia continental com Carlos V. Seu poder suscita reações. No século XVII, em 1683, uma nova derrota diante de Viena ocasiona a formação de uma "liga santa" contra os otomanos (Áustria, Veneza, Polônia, Rússia). O Império Otomano se enfraquece. O final do século XIX vê se multiplicarem as intervenções das potências europeias (França, Grã-Bretanha, Rússia, Alemanha) num império considerado "o homem doente da Europa". Antes da Primeira Guerra Mundial, na qual os otomanos participaram ao lado dos alemães, eles já não controlavam na Europa mais do que a Trácia ocidental. Vencido, o império foi desmembrado pelos vencedores no Tratado de Sèvres (1920). O Tratado de Lausanne, de 1923, dá origem à nova Turquia. Mustafá Kemal toma o poder, inspira-se na Europa e decide impor aos turcos a laicidade e a ocidentalização para sustar o declínio nacional.

Depois de permanecer neutra na Segunda Guerra Mundial, a Turquia se beneficia do Plano Marshall em 1947 e adere à OTAN em 1952. No Ocidente, é o país que tem a maior fronteira terrestre com a União Soviética e participa ativamente da defesa atlântica. A rivalidade com a Grécia leva os dois países a um conflito por causa do Chipre em 1974, mas que se abranda em seguida. A dissolução da URSS faz com que a Turquia perca sua posição privilegiada de baluarte da OTAN contra o comunismo, mas permite que ela se reconcilie com outros países turcófonos do Cáucaso e da Ásia Central, e de confirmar seu papel no Oriente Médio à época da guerra de 1990-1991 pela libertação do Kuwait. Nos anos 2000, o projeto de adesão à União Europeia é considerado um meio de se modernizar, mas também o reconhecimento político da Turquia como pertencente de pleno direito ao mundo ocidental e europeu. Esse assunto divide as opiniões europeias, e as negociações devem durar ainda bastante tempo.

A orientação do papel estratégico da Turquia dependerá de sua entrada ou não na União Europeia

A Turquia encontra em sua relação com os Estados Unidos — para quem ela continua sendo uma parceira-chave — um apoio estratégico e político. Contudo, recusou a livre passagem do exército norte-americano por seu território durante a guerra do Iraque, em 2003. Ela receia que a autonomia, ou pior, a independência do Curdistão iraquiano tenha um efeito contagioso sobre os curdos da Turquia.

País muçulmano não árabe, a Turquia mantém relações complicadas com os países árabes por causa de sua história (antigo colonizador) e de sua cooperação militar com Israel. A questão do genocídio armênio de 1915 permanece ultrassensível, e fator de graves divergências com os países aliados cujos governos, ou apenas os respectivos parlamentos, reconhecem ter existido. No futuro, a orientação do papel estratégico e geopolítico da Turquia dependerá largamente de sua entrada ou não, ao fim das negociações em curso, na União Europeia. Qualquer que seja a decisão, o resultado será muito importante.

Retorno da Rússia ao cenário internacional

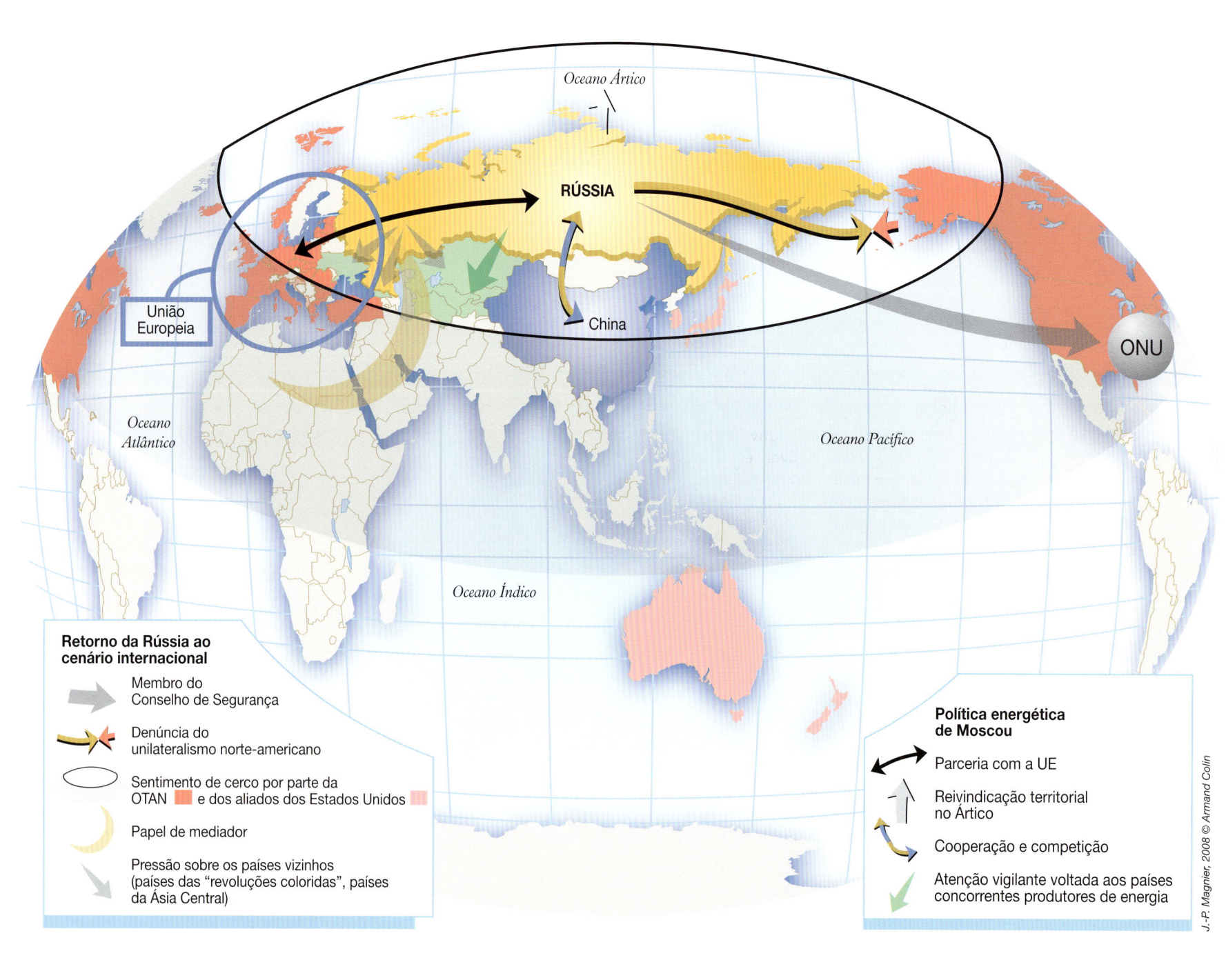

- Membro do Conselho de Segurança
- Denúncia do unilateralismo norte-americano
- Sentimento de cerco por parte da OTAN e dos aliados dos Estados Unidos
- Papel de mediador
- Pressão sobre os países vizinhos (países das "revoluções coloridas", países da Ásia Central)

Política energética de Moscou

- Parceria com a UE
- Reivindicação territorial no Ártico
- Cooperação e competição
- Atenção vigilante voltada aos países concorrentes produtores de energia

J.-P. Magnier, 2008 © Armand Colin

O MUNDO VISTO PELA
RÚSSIA

A partir da criação do Ducado de Kiev, no século IX, e depois da fundação do Grão-ducado de Moscou (1340), os russos aumentaram constantemente o território de seu país, até que se estendesse por dois continentes e atingisse a maior superfície mundial, apesar dos profundos problemas políticos internos e de investidas externas. Às portas de Moscou, Napoleão I é vencido pelo inverno e pela guerrilha russa. A Rússia é reconhecida no Conselho de Viena em 1815 como uma grande potência europeia. Depois da revolução bolchevique de 1917, para salvar seu regime, Lenin se resigna a renúncias territoriais e concede às diferentes nacionalidades da Rússia (mais da metade da população) uma independência que terá curta duração.

Durante a Segunda Guerra Mundial, as tropas alemãs chegam às portas de Moscou e são detidas em Stalingrado, selando o destino da guerra. Depois dela, e desprezando as promessas feitas em Ialta, a URSS constitui então um anteparo territorial no Leste Europeu a fim de, segundo ela, proteger-se de uma nova agressão.

Mas a imposição de regimes ditatoriais como o seu — as "democracias populares" — dá a impressão de um desejo de expansão e conquista mundial baseado no imperialismo ideológico. Para barrar o avanço soviético, os Estados Unidos envolvem o país com um sistema de alianças que gera na Rússia uma sensação de cerco. Sentindo-se ameaçada por todos os lados, a União Soviética, que dispõe de um arsenal nuclear e convencional considerável, é vista por todos como ameaçadora. O regime soviético se mantém pela coerção. Mas a paridade estratégica obtida com os Estados Unidos — a outra superpotência — constitui, para além dos critérios ideológicos, um motivo de orgulho nacional durante a guerra fria. Em seu apogeu, Moscou está à frente de um Estado de tamanho inigualável, controla o Leste Europeu e possui aliados e pontos de ancoragem mundo afora.

Em meados dos anos 1980, M. Gorbatchev decide não empregar a força para manter os regimes comunistas. Desde então, a URSS está condenada pelo fiasco econômico e político, pela catastrófica expedição afegã e pelo descrédito político geral.

> A Rússia se sente cercada pela OTAN, a União Europeia e a China

O desaparecimento da União Soviética significa para a Rússia não somente a perda das bases soviéticas no Terceiro Mundo e o fim do controle do Leste Europeu, mas também por perdas territoriais de ganhos que datam não apenas da Segunda Guerra Mundial, mas também do século XIX, e até mesmo de antes, como é o caso da Ucrânia.

O fim do sistema comunista engendra uma perda vertiginosa de poder e prestígio. A economia de mercado se implanta na Rússia sob sua forma mais selvagem. O regime não é mais totalitário, mas autoritário. Hoje, a Rússia, sem sonhar com um retorno ao estatuto de segunda potência mundial, quer novamente defender seus interesses e ser respeitada no cenário internacional. Não aceita mais ser tida como desimportante, como nos anos 1990, uma vez que possui recursos consideráveis em petróleo e gás. Mas ainda teme o poder militar norte-americano e sente-se encurralada diante da ampliação da OTAN, e talvez da União Europeia, e face ao crescimento chinês. Está empenhada em reafirmar seu poder, inclusive militar.

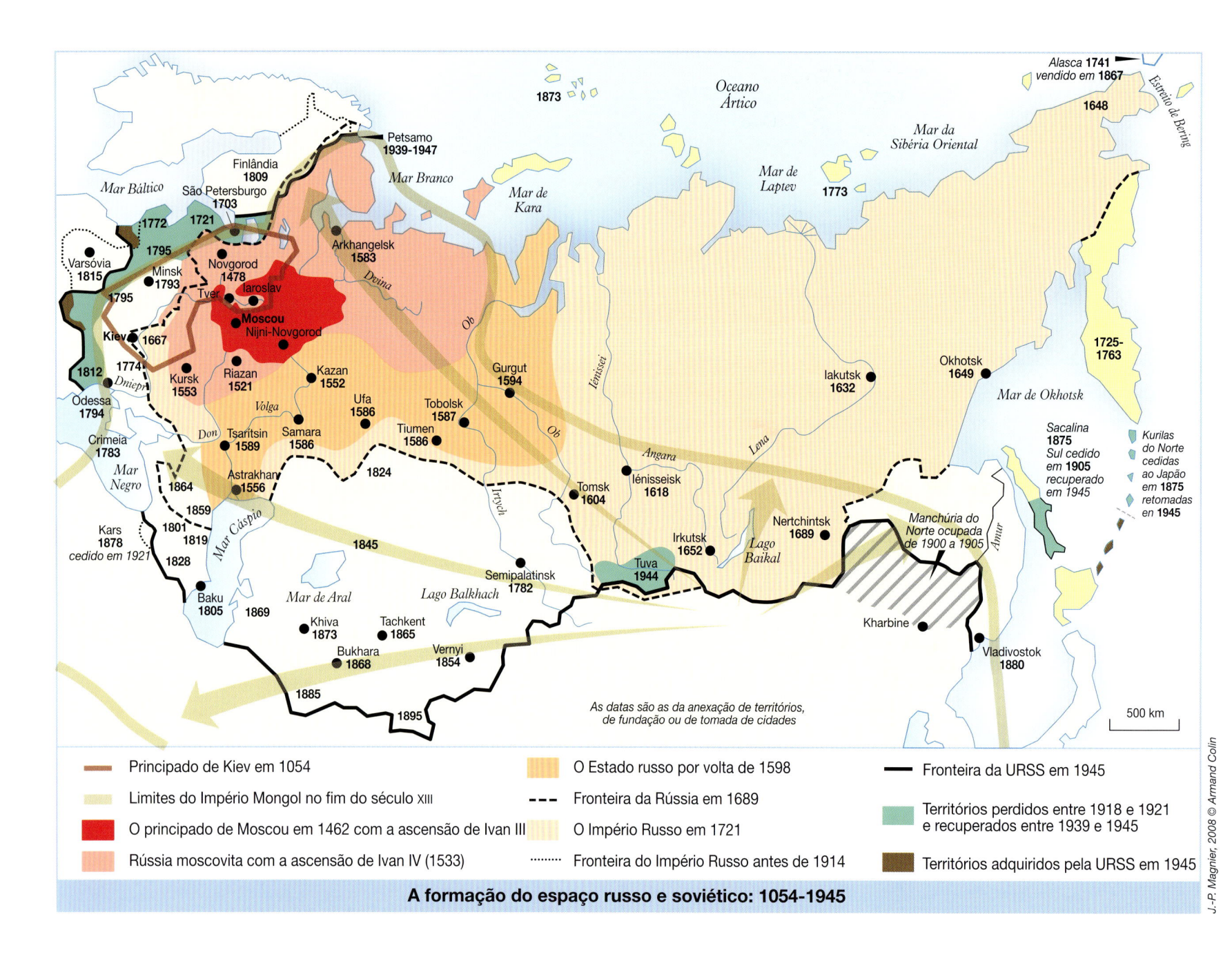

A formação do espaço russo e soviético: 1054-1945

Legenda:

- Principado de Kiev em 1054
- Limites do Império Mongol no fim do século XIII
- O principado de Moscou em 1462 com a ascensão de Ivan III
- Rússia moscovita com a ascensão de Ivan IV (1533)
- O Estado russo por volta de 1598
- Fronteira da Rússia em 1689
- O Império Russo em 1721
- Fronteira do Império Russo antes de 1914
- Fronteira da URSS em 1945
- Territórios perdidos entre 1918 e 1921 e recuperados entre 1939 e 1945
- Territórios adquiridos pela URSS em 1945

As datas são as da anexação de territórios, de fundação ou de tomada de cidades

Cidades e territórios (datas):

Alasca 1741 vendido em 1867; Petsamo 1939-1947; Finlândia 1809; São Petersburgo 1703; Novgorod 1478; Arkhangelsk 1583; Tver; Iaroslav; Moscou; Nijni-Novgorod; Varsóvia 1815; Minsk 1793; Kiev 1667; 1774; 1795; 1772; 1721; Odessa 1794; Crimeia 1783; Kursk 1553; Riazan 1521; Kazan 1552; Ufa 1586; Tobolsk 1587; Tiumen 1586; Gurgut 1594; Iakutsk 1632; Okhotsk 1649; 1648; Tsaritsin 1589; Samara 1586; Astrakhan 1556; Tomsk 1604; Iénisseisk 1618; Irkutsk 1652; Nertchintsk 1689; Kars 1878 cedido em 1921; Baku 1805; Khiva 1873; Bukhara 1868; Tachkent 1865; Vernyi 1854; Semipalatinsk 1782; Tuva 1944; Sacalina 1875 Sul cedido ao Japão em 1905 recuperado em 1945; Kurilas do Norte cedidas ao Japão em 1875 retomadas em 1945; Kharbine; Vladivostok 1880; Manchúria do Norte ocupada de 1900 a 1905; 1725-1763; 1812; 1795; 1801; 1819; 1828; 1845; 1859; 1864; 1869; 1873; 1885; 1895; 1824; 1773

Fonte: J.-P. Magnier, 2008 © Armand Colin

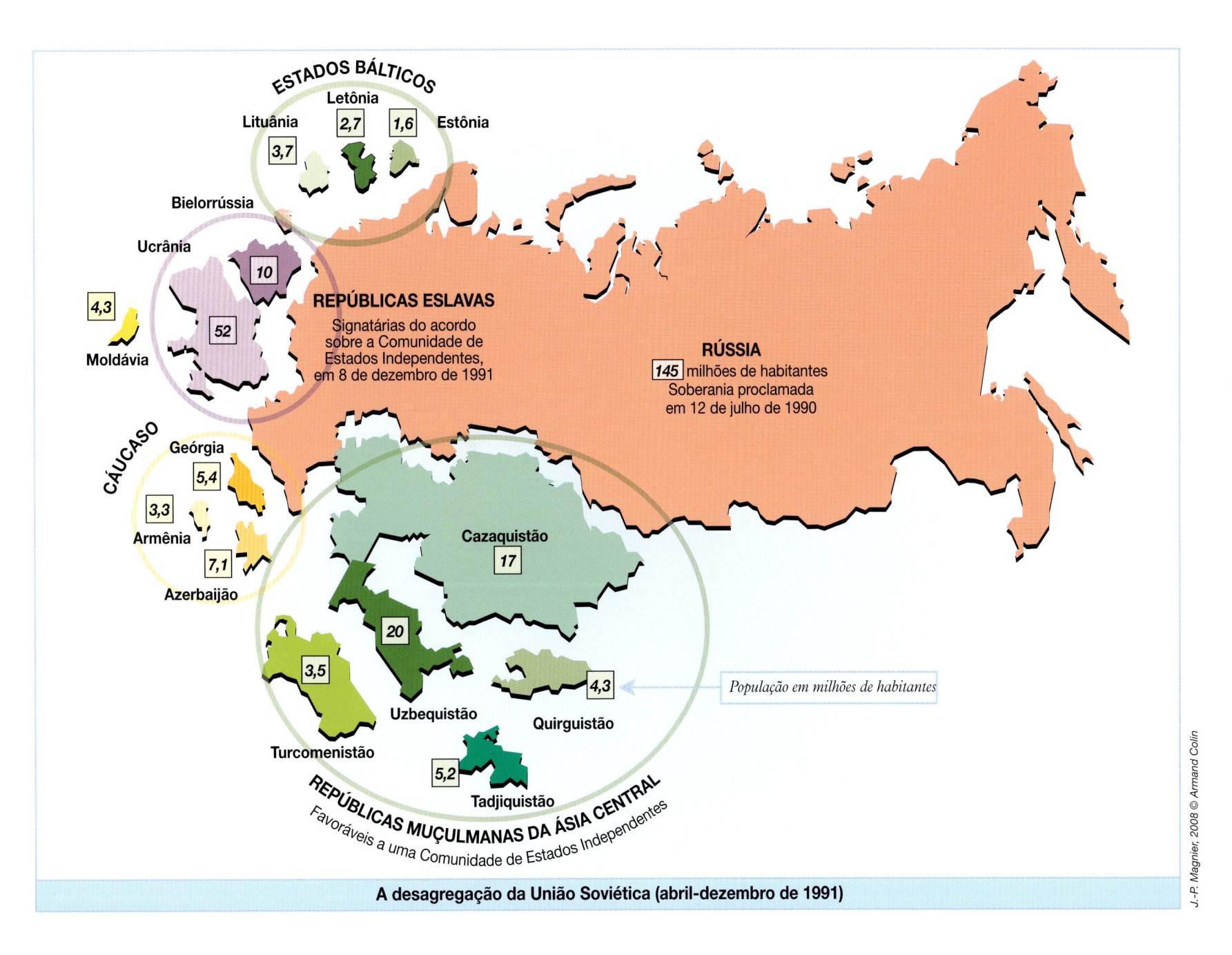

A desagregação da União Soviética (abril-dezembro de 1991)

ESTADOS BÁLTICOS
- Lituânia: 3,7
- Letônia: 2,7
- Estônia: 1,6

REPÚBLICAS ESLAVAS
Signatárias do acordo sobre a Comunidade de Estados Independentes, em 8 de dezembro de 1991
- Bielorrússia: 10
- Ucrânia: 52
- Moldávia: 4,3

RÚSSIA
145 milhões de habitantes
Soberania proclamada em 12 de julho de 1990

CÁUCASO
- Geórgia: 5,4
- Armênia: 3,3
- Azerbaijão: 7,1

REPÚBLICAS MUÇULMANAS DA ÁSIA CENTRAL
Favoráveis a uma Comunidade de Estados Independentes
- Cazaquistão: 17
- Uzbequistão: 20
- Turcomenistão: 3,5
- Quirguistão: 4,3
- Tadjiquistão: 5,2

População em milhões de habitantes

J.-P. Magnier, 2008 © Armand Colin

Legenda

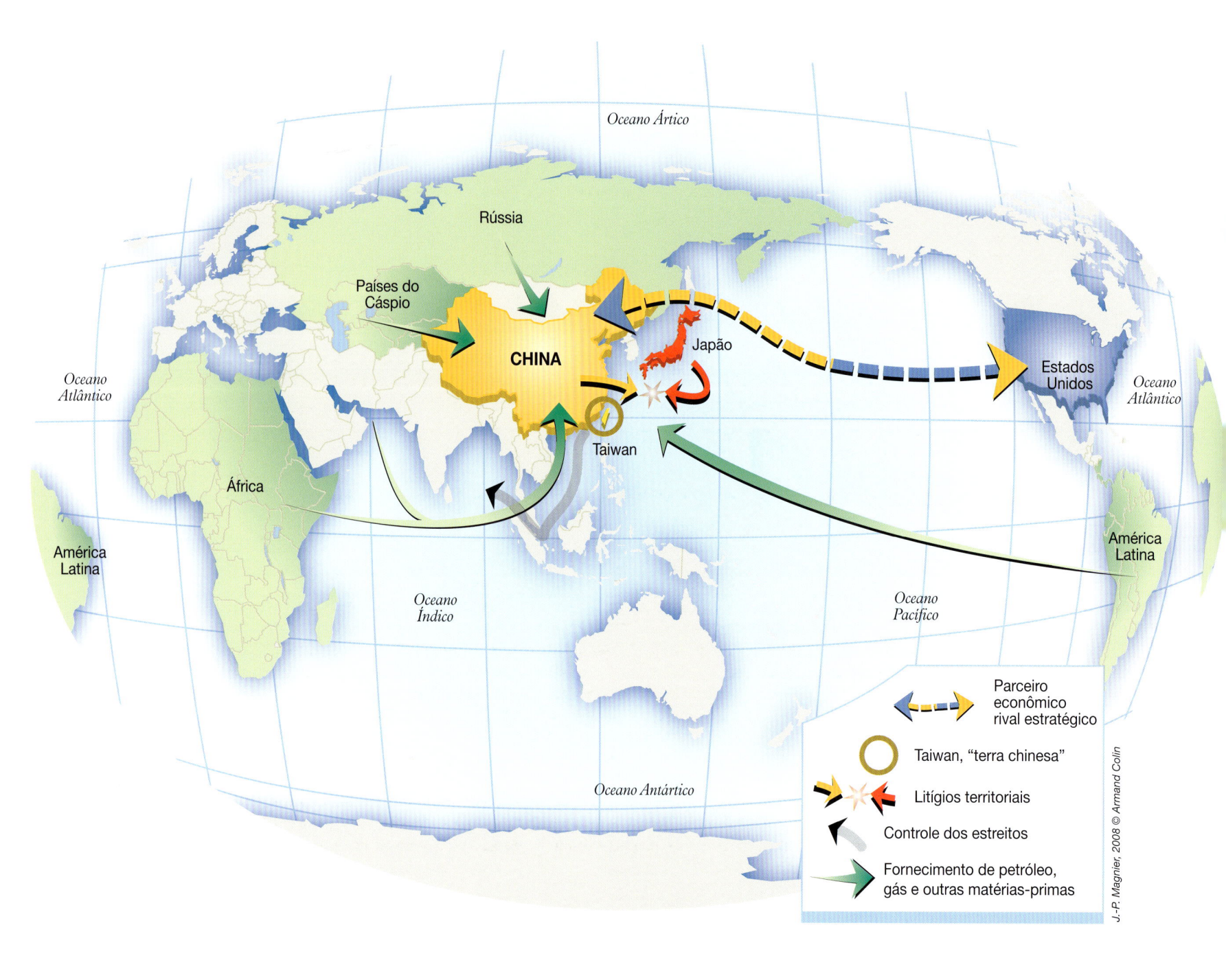

- ⬅️➡️ Parceiro econômico rival estratégico
- ⭕ Taiwan, "terra chinesa"
- ⬅️✳️➡️ Litígios territoriais
- ⬅️ Controle dos estreitos
- ⬅️ Fornecimento de petróleo, gás e outras matérias-primas

J.-P. Magnier, 2008 © Armand Colin

O MUNDO VISTO PELA...

CHINA

Com muitos milênios de existência, a China se considera, até o século XIX, "O Império do Meio" que, embora produzindo cerca de 30% do PNB mundial (mas num mundo não globalizado), acredita não precisar se relacionar com as outras partes do mundo. Mas os europeus tiram proveito dos confrontos internos que, a partir da segunda metade do século XIX, levam ao enfraquecimento da China e põem-na sob a tutela europeia, impondo um esfacelamento parcial, alguns "tratados desiguais" e certo número de concessões — zonas que escapam à soberania chinesa. Os chineses sentem uma profunda humilhação, que a brutal agressão japonesa de 1937, prelúdio da Segunda Guerra Mundial, só faz exacerbar.

É apoiando-se no campesinato miserável, mas também apostando fortemente no veio nacionalista, que o comunista Mao Tsé Tung consegue tomar o poder em 1949, ao fim de vários anos de combate. Os dirigentes nacionalistas de direita então se refugiam em Taiwan, onde fundam um regime protegido pelos norte-americanos. Assim, é bem mais em virtude desse nacionalismo do que devido a motivos ideológicos que Mao rompe com a União Soviética em 1961: Pequim não aceita mais ficar sob o domínio — mesmo indireto — de Moscou, líder do bloco comunista. Depois da morte de Mao, a partir de 1978, sob Deng Xiaoping, a China se lança numa "economia socialista de mercado", conjugando controle político do Partido Comunista, capitalismo selvagem e abertura econômica para o mundo. Hoje, depois de recuperar Hong Kong e Macau, o objetivo principal da China é reunificar-se com Taiwan, ou, pelo menos, impedir o reconhecimento de sua independência.

Gigante demográfico (1,3 bilhão de habitantes) e territorial, a China é reforçada por um crescimento ininterrupto há quase trinta anos. Ela é hoje um gigante econômico, protótipo da potência "emergente", e pode ultrapassar os Estados Unidos ao longo deste século. Está muito integrada na globalização, da qual tira imenso proveito por suas comparativas vantagens monetárias, sociais e outras, embora sem respeitar completamente suas regras.

As feridas do passado, notadamente os crimes cometidos pelos japoneses entre 1937 e 1945, não cicatrizaram, o que explica por que a relação entre Pequim e Tóquio se mantém muito difícil. A rivalidade com os Estados Unidos, de natureza econômica, pode se tornar estratégica. Contrariamente à União Soviética do tempo da guerra fria, a China não contesta o modelo norte-americano de economia de mercado, mas quer simplesmente tomar a ponta na competição. Alguns setores norte-americanos veem na China não um parceiro, mas um rival estratégico, talvez uma ameaça a Taiwan, ao Japão, às reservas energéticas e aos próprios Estados Unidos. Quanto a suas relações com a Rússia, a China aborda-as sem complexos, acreditando tê-la ultrapassado em todos os domínios. Interessa-se hoje pela África — onde não tem passado colonial, e, portanto, não tem passivo — e pela América Latina, para garantir a energia e as matérias-primas que lhe faltam. Preocupada em evitar a inquietação que seu novo poder suscita, afirma que sua emergência será pacífica.

A rivalidade com os Estados Unidos pode passar de econômica para estratégica

Colocam-se quatro questões principais sobre o futuro da China: ela manterá seu avanço, apesar do agravamento das questões sociais e ecológicas, e tornar-se-á um dia a primeira potência mundial? A modernização econômica gerará uma modificação na natureza do atual regime em direção a uma orientação democrática? Contentar-se-á com um lugar de primeiro plano ou buscará exercer uma influência política mundial? Por fim, qual será a reação dos vizinhos e das outras potências diante da emergência da China?

A China no fim do século XIX

Legenda:
- ● Cidade aberta antes de 1885
- ● Cidade aberta entre 1885 e 1900
- **Hankou** Cidade aberta com concessão
- *Macau* Território sob comodato
- Território anexado
- Concessão ferroviária:
  - alemã
  - norte-americana
  - belga
  - britânica
  - francesa
  - russa
- Revoltas camponesas (1850-1880)

Localidades e regiões assinaladas: Rússia, Manchúria, Mongólia Exterior, Mongólia Interior, Revolta dos Boxers contra os estrangeiros (1900), Qinghai, Hui, Sichuan, Yunnan, Hui, Hui, Niuzhuang, Qinghuangdao, Pequim, Tianjin, Zhifu, Dalian (Rússia), Weihaiwei (Grã-Bretanha), Qingdao (Alemanha), Nian, Zhenjiang, Nanquim, Suzhou, Xangai, Taiping, Hankou, Hangzhou, Ningbo, Yichang, Shashi, Jiujiang, Yuezhou, Chongqing, Wenzhou, Fuzhou, Tenggui, Simao, Mengzi, Longzhou, Pakhoi, Cantão, Amoy, Shantou, Hong Kong (Grã-Bretanha), Macau (Portugal), Guangzhouwan (França), Qiongzhou, Hanói, Indochina, Coreia, Japão, Filipinas, Formosa (anexada pelo Japão em 1895), Mar do Japão, Mar Amarelo, Mar da China Oriental, Mar da China Meridional, Hoangho, Yangzijiang.

Escala: 250 km

A guerra da China, 1937-1944

Legenda:
- Zona sob controle japonês
- Protetorado ou anexação do Japão
- Limite das conquistas japonesas em 1944
- Base de guerrilha
- Guerrilha na zona nominalmente sob controle japonês
- → Ofensiva Ichigo

Localidades: Manchukuo, Pequim, Coreia, Chongqing, Nanquim, Wuhan, Xangai, Liuzhou, Cantão, Formosa, Hoangho.

A ofensiva comunista, 1947-1949

Legenda:
- Áreas controladas pelos comunistas:
  - verão 1947
  - janeiro 1949
- Guerrilhas após 1948
- Ofensiva de 1947
- Ofensiva da primavera-verão 1949
- ★ Batalha do Huai

Localidades: Pequim, Coreia, Yan'an, Xuzhou, Nanquim, Fuzhou, Cantão, Formosa, Hoangho, Yangzijian.

Escala: 500 km

J.-P. Magnier, 2008 © Armand Colin

A China em 2008

Distribuição da população (em milhões de hab.)
- de 6 a 20
- de 4 a 6
- de 2 a 4
- de 1 a 2
- de 0,5 a 1
- de 0,1 a 0,5

Legenda:
- Principal via marítima
- Outras vias marítimas
- Oleodutos
- Oleodutos projetados
- Gasoduto
- Gasoduto projetado

Diáspora chinesa (em milhões de hab.): de 28 a 30 no Sudeste Asiático

25% do comércio mundial transita pelo estreito de Malaca

Campos gasíferos disputados China-Japão

Países/Regiões identificados: Cazaquistão, Rússia, Mongólia, Uzbequistão, Turcomenistão, Quirguistão, Tadjiquistão, Afeganistão, Irã, Paquistão, Índia, Nepal, Butão, Bangladesh, Sri Lanka, Mianmar, Tailândia, Laos, Vietnã, Camboja, Malásia, Cingapura, Indonésia, Brunei, Filipinas, Timor Leste, Papua-Nova Guiné, Coreia do Norte, Coreia do Sul, Japão, Taiwan

Regiões da China: Xinjiang, Gansu, Mongólia interior, Qinghai, Tibete, Yunnan, Cantão

Cidades: Harbin, Shenyang, Pequim, Xi'an, Chengdu, Chongqing, Wuhan, Xangai, Hong Kong

Diáspora chinesa (milhões):
- Mianmar: 2
- Índia: 0,1
- Laos: 0,2
- Vietnã: 1,9
- Tailândia: 6,1
- Camboja: 0,3
- Malásia: 5,3
- Cingapura: 2,3
- Brunei: 0,1
- Indonésia: 7,3
- Filipinas: 2,2

Sacalina 1 e 2

Mar de Omã, Golfo de Bengala, Oceano Índico, Estreito de Malaca, Mar da China Meridional, Mar da China Oriental, Mar do Japão, Oceano Pacífico, Caxemira

500 km

J.-P. Magnier, 2008 © Armand Colin

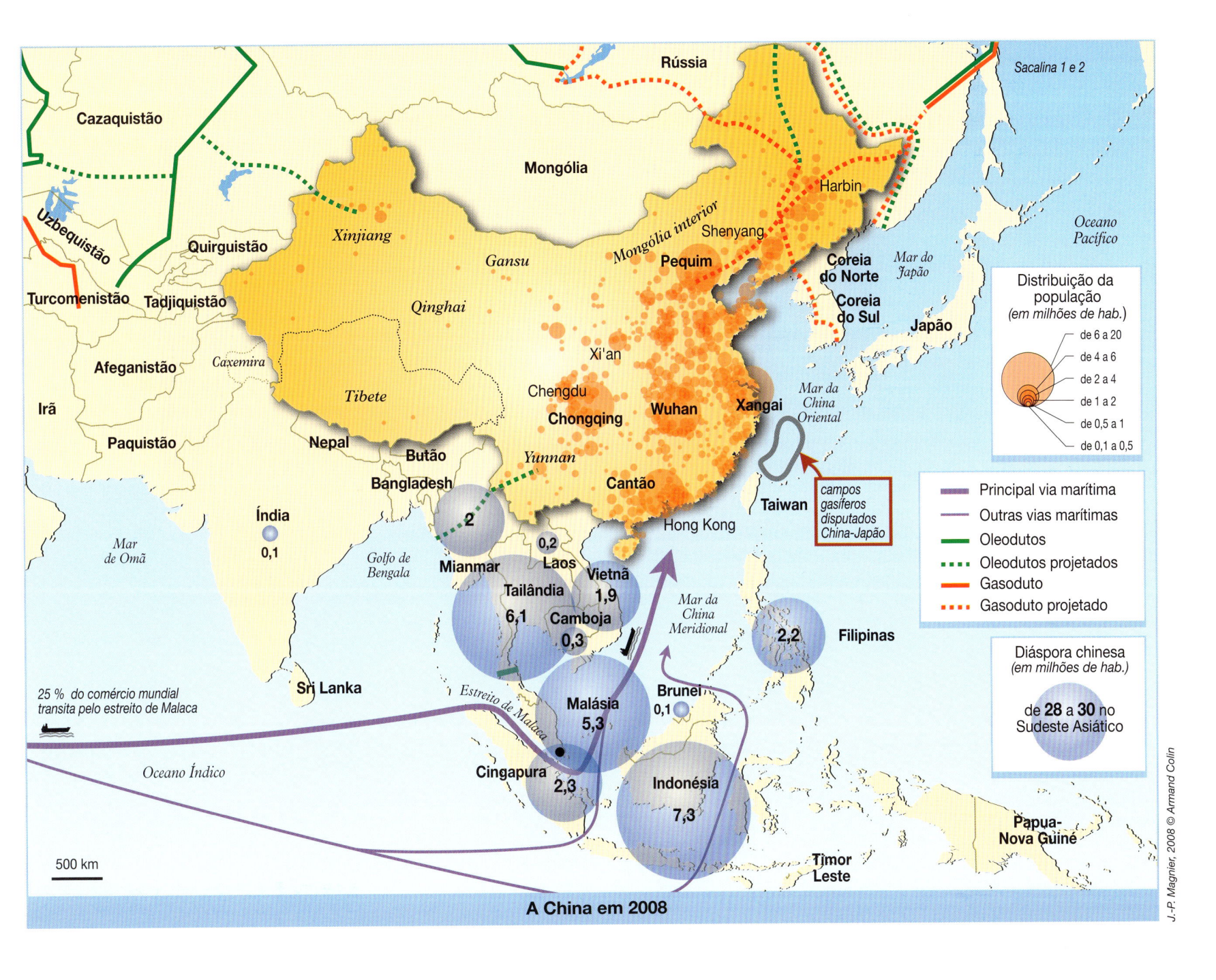

Mapa: Relações geopolíticas do Japão

Legenda	
⇄ (vermelho/amarelo)	Ameaça militar ou litígios territoriais
🟧	O grande rival
↺ (amarelo)	Defesa dos interesses japoneses por meio da ASEAN
⇢ (verde tracejado)	Laço estratégico
⇔ (cinza)	Relação bilateral forte

Países e regiões identificados: Alemanha, Rússia, China, Coreia do Norte, Japão, ASEAN*, Estados Unidos.

Oceanos: Oceano Ártico, Oceano Pacífico, Oceano Índico.

* Association of Southeast Asian Nations / Associação de Nações do Sudeste Asiático

J.-P. Magnier, 2008 © Armand Colin

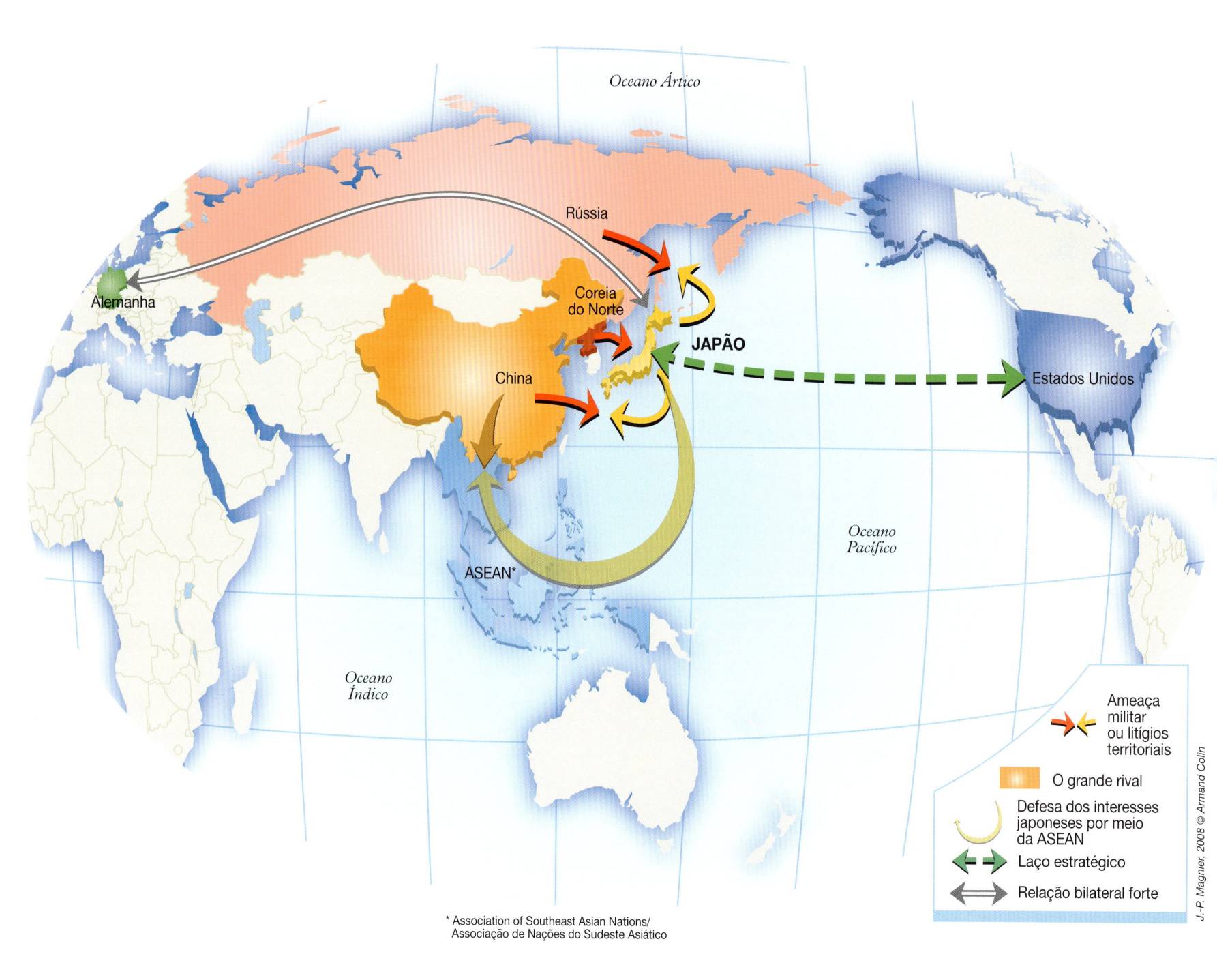

O MUNDO VISTO PELO...

JAPÃO

Por muito tempo fechado ao mundo exterior, o Japão se abre para o comércio internacional sob a pressão dos canhões do comodoro americano Perry em 1864. Durante a Era Meiji (1868-1912), "governo esclarecido", o Japão se moderniza inspirando-se no mundo ocidental. Em 1905, inflige à Rússia a primeira derrota militar de um povo branco por outro não branco depois de séculos. O país se lança então, na primeira metade do século XX, numa política de expansão pela Ásia. Anexa a Coreia em 1910, invade a Manchúria (que passa a se chamar Manchukuo) em 1931 e a China em 1938, ataca os Estados Unidos em Pearl Harbor, em dezembro de 1941, e ocupa o Pacífico. No sudeste asiático, alega lutar contra as potências coloniais europeias, mas estabelece seu próprio domínio baseado numa severa repressão.

Ao fim da Segunda Guerra Mundial, uma vez vencido o Japão (depois das bombas atômicas de Hiroshima e Nagasaki, nos dias 6 e 9 de agosto de 1945), os norte-americanos decidem manter o regime imperial, mas deixam ao imperador apenas poderes simbólicos. Eles não obrigam os japoneses ao mesmo exame de consciência sobre seus crimes por que passaram os alemães. A guerra da Coreia faz do Japão o insubstituível porta-aviões dos norte-americanos na Ásia diante do poder soviético e chinês. As relações do Japão com a Coreia capitalista permanecem sensíveis, assim como com a China "comunista", uma vez que o passado, a guerra e as atrocidades japonesas não foram reconhecidas e assumidas com a devida clareza. A despeito dos laços econômicos entre os países do leste asiático, o temor do renascimento de um militarismo japonês permanece em toda a Ásia.

O Japão conhece um desenvolvimento econômico fenomenal a partir dos anos 1950, saltando de 3% para 16% da renda mundial no início dos anos 1980. Segundo PIB mundial e primeiro banqueiro do planeta, ainda que politicamente tolhido, o Japão é então qualificado de gigante econômico e "futura terceira potência". A partir dos anos 1980, os Estados Unidos se veem divididos entre o desejo de fazer o Japão participar mais do esforço comum de defesa e o temor de despertar nele apetites de poder. O próprio Japão se questiona sobre as vantagens e os inconvenientes de unir a potência estratégica à potência econômica e financeira. O Japão dos anos 2000 reivindica, assim, uma cadeira de membro permanente do Conselho de Segurança da ONU.

O fim da guerra fria não apaziguou as rivalidades nacionais na Ásia. Ao contrário, o Japão continua preocupado com sua própria segurança diante da China, a despeito da interdependência das duas economias, e diante da Coreia do Norte, face à incerta evolução da questão coreana. Litígios territoriais não resolvidos pesam sobre as relações com a Rússia. Por isso, o Japão permanece dependente dos Estados Unidos para sua segurança, e sua margem de manobra diante de Washington é limitada. A dificuldade para o Japão é defender seus interesses essenciais (segurança energética) diante da China e da Rússia, e desenvolver suas capacidades militares, o que exigiria alterar sua constituição, bem como uma evolução da opinião pública, tudo isso sem ultrapassar o que aceitam os Estados Unidos nem despertar inquietações na Ásia.

> *Permanece na Ásia o temor do renascimento do militarismo japonês*

Oceano Ártico

Rússia

COREIA DO NORTE

China

Japão

COREIA DO SUL

Estados Unidos

Oceano Índico

Oceano Pacífico

Legenda:
- Reaproximação comedida das duas Coreias
- Papel moderador da China
- Desconfiança japonesa
- Laço estratégico afrouxado

J.-P. Magnier, 2008 © Armand Colin

O MUNDO VISTO PELA...

COREIA

A Coreia é hoje um país dividido cuja reunificação é seu objetivo principal. Ao fim da Segunda Guerra Mundial, a Coreia foi ocupada de ambos os lados do paralelo 38 por soviéticos e norte-americanos. Em 1950, a Coreia do Norte, ajudada pela União Soviética e pela China, inicia uma guerra — a mais importante da guerra fria — contra a Coreia do Sul, apoiada pelos Estados Unidos, que leva ao estabelecimento do *status quo*. O Sul capitalista e o Norte comunista colocaram ambos em vigor regimes ditatoriais operando em clima de guerra. A Coreia do Sul investiu na industrialização e na educação, e o capitalismo teve lá um desenvolvimento rápido, contrariamente ao que se passou na Coreia do Norte. Nos anos 1980, a Coreia do Sul se democratiza e origina uma sociedade civil onde a malha associativa e política é muito desenvolvida.

Desde os anos 1990, a Coreia do Sul adota um tom mais brando em relação à Coreia do Norte. Os coreanos acreditam pertencer a um povo milenar, unido por uma cultura e uma língua comuns, para além das divisões políticas. Seul teme um confronto, mas também a ruína de um regime que exigiria uma reunificação rápida demais, cujo custo econômico e social seria dificilmente suportável (23 milhões de habitantes na Coreia do Norte, 48 milhões de habitantes na Coreia do Sul). Embora a China tenha dominado a Coreia durante séculos até a conquista pelo Japão em 1895, as relações entre Seul e Pequim são boas. A China é vista como parceira econômica, desempenhando um papel de moderadora do comportamento norte-coreano. Não acontece o mesmo com o Japão, que, entre 1895 e 1945, fez da Coreia um posto avançado em direção à Ásia, explorando suas riquezas e subjugando sua população. O caráter insuficiente e tardio dos pedidos de desculpas japoneses dificulta a reconciliação entre os dois países. A organização dos Jogos Olímpicos de 1988 e a co-organização da Copa do Mundo de Futebol de 2002 permitem que os coreanos afirmem de maneira pacífica o nacionalismo coreano. Os coreanos dependem da proteção norte-americana, assim como os japoneses. Mas, como o medo da China é menor na Coreia, há um desejo de independência maior em relação a Washington. As gerações mais jovens, contrariamente aos mais velhos, têm uma visão menos positiva dos Estados Unidos: um país cujo poder mais assusta do que traz segurança. O fato de terem colocado a Coreia do Norte no "eixo do mal" e de terem por muito tempo adotado um tom considerado agressivo em relação a Pyongyang foi visto negativamente pelos coreanos. A rivalidade comercial entre Washington e Seul e o sentimento de ser usada pelos Estados Unidos em seus objetivos estratégicos complicam as relações. A Coreia do Sul tenta existir de maneira autônoma no cenário internacional e ganhar margem de manobra em relação aos Estados Unidos, embora mantenha a aliança com eles. Ela continua esperando a reunificação, mas ao cabo de um processo prudente e controlado. Por isso, está disposta a ajudar a Coreia do Norte a não desmoronar subitamente.

> *Existir de maneira autônoma no cenário internacional e manter a aliança com os Estados Unidos*

NAFTA*

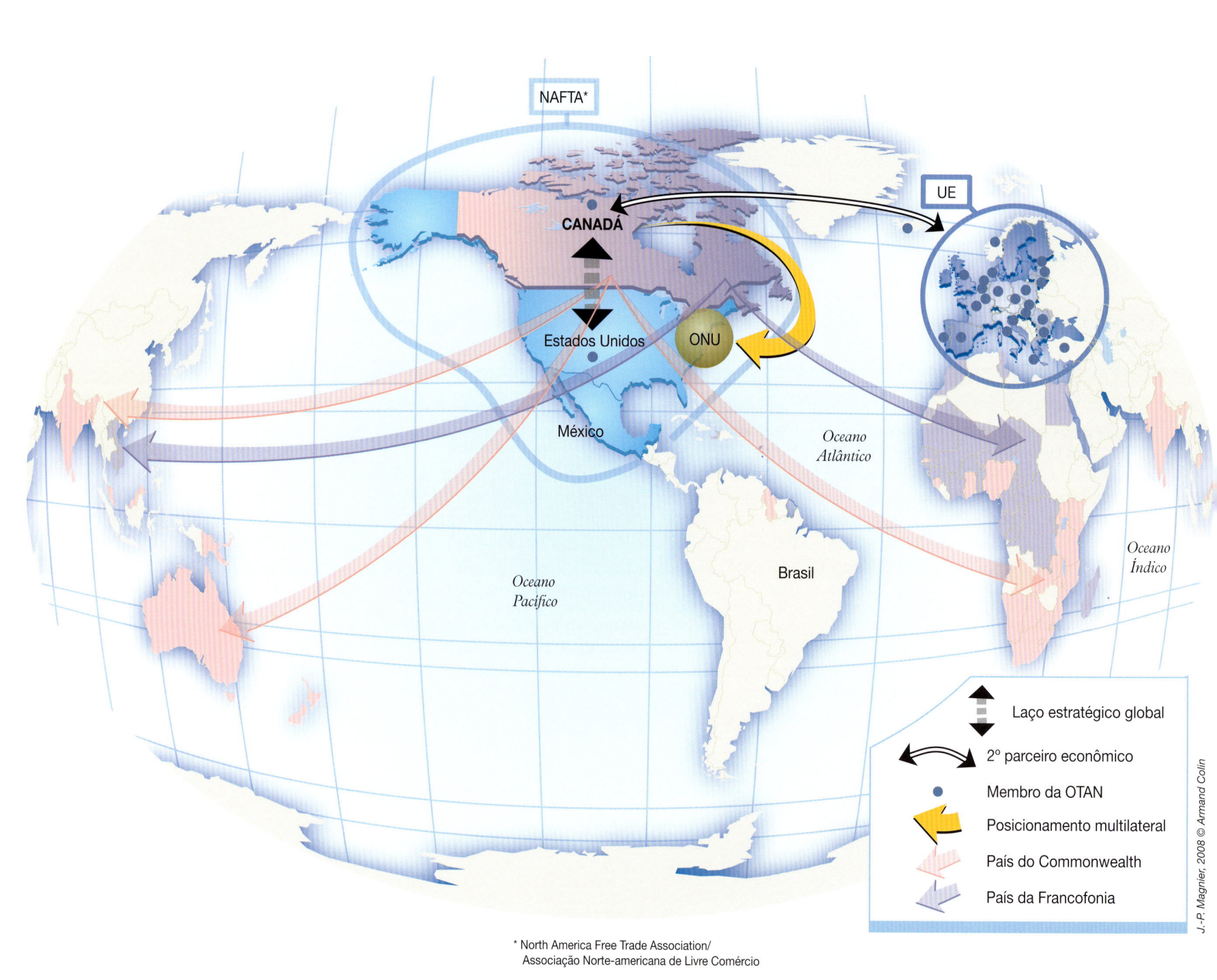

- **CANADÁ**
- Estados Unidos
- México
- ONU
- UE
- Brasil
- Oceano Pacífico
- Oceano Atlântico
- Oceano Índico

Legenda:
- ⬆⬇ Laço estratégico global
- ↔ 2º parceiro econômico
- • Membro da OTAN
- ⬅ Posicionamento multilateral
- País do Commonwealth
- País da Francofonia

*North America Free Trade Association / Associação Norte-americana de Livre Comércio

J.-P. Magnier, 2008 © Armand Colin

O MUNDO VISTO PELO...

CANADÁ

O Canadá divide-se entre as influências europeias, notadamente britânica e francesa, e a estadunidense. Se, quando de sua criação — é o estatuto de Westminster em 1931 que vai lhe conferir plena soberania —, o Canadá estava em relativo pé de igualdade com seu vizinho, hoje deve se submeter aos efeitos do colossal aumento do poder dos Estados Unidos.

Ao fim da Segunda Guerra Mundial, o Canadá dispunha de trunfos consideráveis. Tinha o quarto maior exército do mundo e era a terceira potência econômica. Apesar de seu gigantesco território, sua população é relativamente pequena.

No âmbito do Nafta, 87% das exportações canadenses são absorvidas pelos Estados Unidos. Os dois vizinhos dividem a mais longa fronteira terrestre do mundo: cerca de 9.000 quilômetros. O extremo norte canadense é usado como posto de vigilância pelos radares norte-americanos. O Canadá é membro da OTAN desde que a organização foi criada, em 1949.

Mas, no tocante às relações internacionais, ao direito internacional, ao multilateralismo ou ao estatuto de legalidade do uso da força, o Canadá está mais próximo das ideias europeias (frente às quais tem peso similar) do que das norte-americanas. O Canadá não pode se permitir se zangar com seu imponente vizinho, mas deseja manter uma especificidade, tanto no plano nacional (e não se sentir engolido) quanto no internacional (e insistir em sua preferência por uma abordagem multilateral). O fortalecimento do unilateralismo norte-americano e sua transformação em hiperpotência tornam mais delicada a posição do Canadá. O país é muito ligado ao multilateralismo, a ponto de um antigo ministro canadense ter declarado que "a ONU provavelmente faz parte do DNA da maior parte dos canadenses". As forças de manutenção da paz da ONU foram criadas por iniciativa do ministro de Relações Exteriores canadense, Lester Person, em 1956, depois da guerra de Suez. No ano seguinte, ele recebeu o Prêmio Nobel da Paz, o que reafirmava os canadenses como partidários da ideia de que o multilateralismo era a melhor afirmação de seu peso nos negócios internacionais. Os canadenses são ativos na cooperação Norte-Sul, no seio da francofonia, bem como do Commonwealth. O Canadá é membro-fundador do G-7. Se o 11 de Setembro mostrou indiretamente aos canadenses que o território da América do Norte não era mais um santuário inviolável, eles permanecem céticos quanto ao tipo de resposta oferecido pelos Estados Unidos. Além de seu declínio relativo à posição que tinha ao fim da Segunda Guerra Mundial, o Canadá é afetado ainda pela crise geral do multilateralismo.

Não se zangar com os Estados Unidos, embora mantendo a especificidade canadense

Brasil no mundo

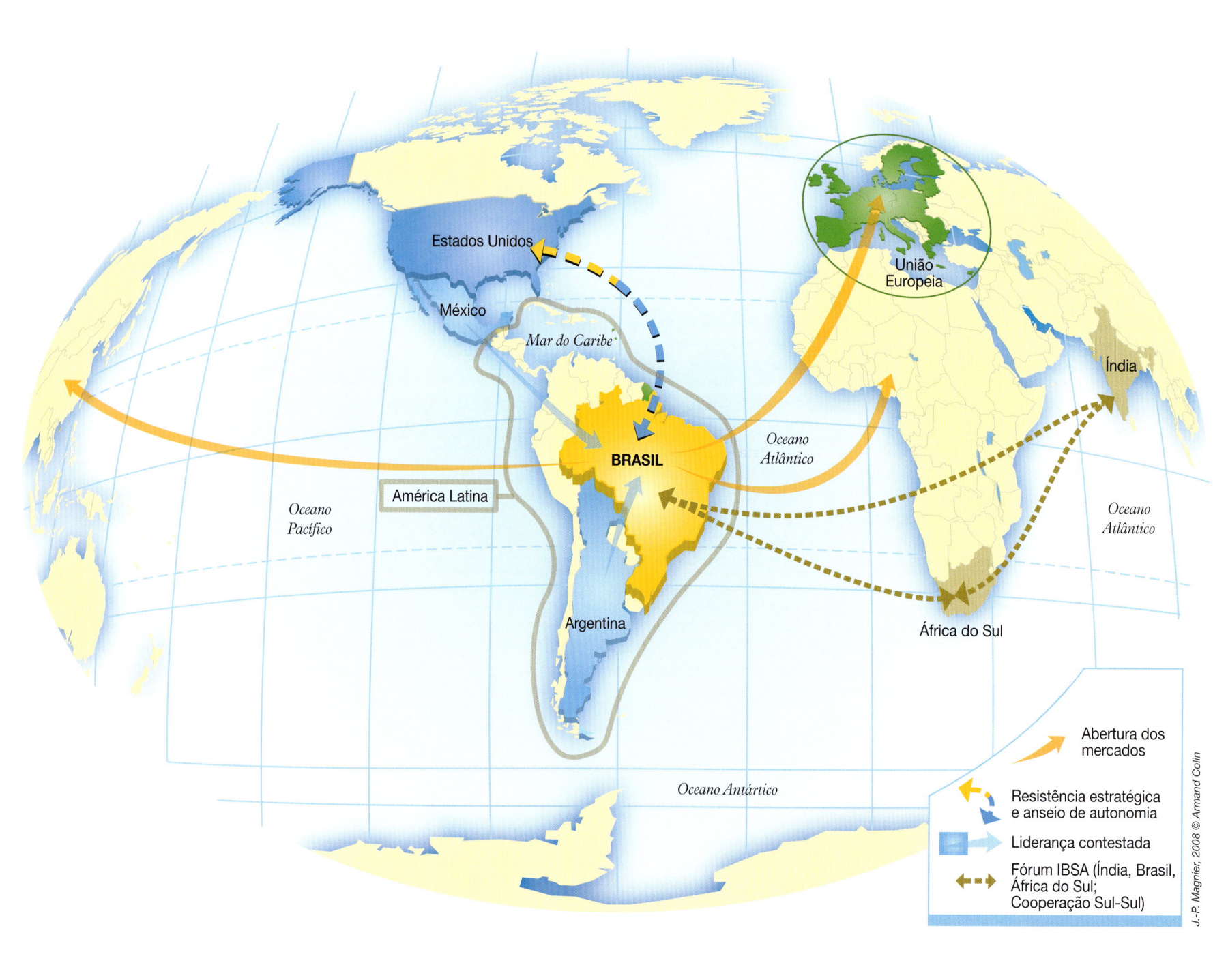

Estados Unidos	
México	
Mar do Caribe	
BRASIL	
América Latina	
Argentina	
União Europeia	
Índia	
África do Sul	
Oceano Pacífico	
Oceano Atlântico	
Oceano Antártico	

Legenda:
- Abertura dos mercados
- Resistência estratégica e anseio de autonomia
- Liderança contestada
- Fórum IBSA (Índia, Brasil, África do Sul; Cooperação Sul-Sul)

J.-P. Magnier, 2008 © Armand Colin

O MUNDO VISTO PELO...
BRASIL

Gigante latino-americano e possível potência mundial, o Brasil, até agora, não assumiu o papel internacional que suas múltiplas vantagens lhe permitiriam desempenhar. Se uma missão norte-americana, enviada em 1817 pelo presidente Monroe, via no Brasil um império destinado a concorrer com os Estados Unidos, por outro lado o país justificou, por algum tempo, a famosa frase de Clemenceau sobre o Brasil: "um país do futuro, que continuará assim por muito tempo".

Seu tamanho e seu peso demográfico preservaram o Brasil das ambições de seus vizinhos. A distância o protegeu das potências europeias e norte-americanas. Isso permitiu que, desde sua independência, em 1822, o Brasil se envolvesse apenas de maneira secundária nos negócios internacionais, do mesmo modo que resto do continente latino-americano. Por muito tempo em concorrência regional com a Argentina, o Brasil rivaliza agora com o México, mais importante país de língua espanhola da América Latina.

Durante a guerra fria, o Brasil se colocou do lado de sua família natural, o mundo ocidental. Os Estados Unidos sustentaram um regime militar repressivo a partir de 1964, o que deixou traços negativos no modo como a opinião pública vê os Estados Unidos. Se a guerra fria afetou apenas marginalmente a América Latina, esse período assistiu à instalação de ditaduras militares e ao aparecimento de guerrilhas. Mais tarde, a volta da democracia e a decolagem econômica da região colocam o Brasil em posição privilegiada. Ele resiste aos apetites norte-americanos, recusa-se a entrar no Tratado Norte-Americano de Livre Comércio (Nafta, na sigla em inglês) e funda um mercado comum sul-americano com seus vizinhos imediatos (Mercosul). Mas este evolui lentamente.

O Brasil quer ser líder regional e potência mundial emergente

Com a eleição do presidente Lula em 2002, o Brasil ganha um chefe de Estado carismático, de discurso progressista, embora se comporte como um gestor prudente, inclusive na relação com os Estados Unidos. O Brasil busca a partir de então não somente a liderança regional mas também almeja ser uma das grandes potências mundiais emergentes. Para seu desenvolvimento, tira partido da liberalização do comércio internacional e de uma agricultura intensiva. É o "B" do acrônimo BRIC (Brasil, Rússia, Índia, China). Ator de peso na OMC, faz campanha para obter uma cadeira de membro permanente no Conselho de Segurança da ONU e passa a se envolver nos grandes debates estratégicos internacionais. Tem sido alvo de críticas por causa da exploração pouco ecológica e da destruição da imensa floresta amazônica.

NAFTA

UE

Canadá

Estados Unidos

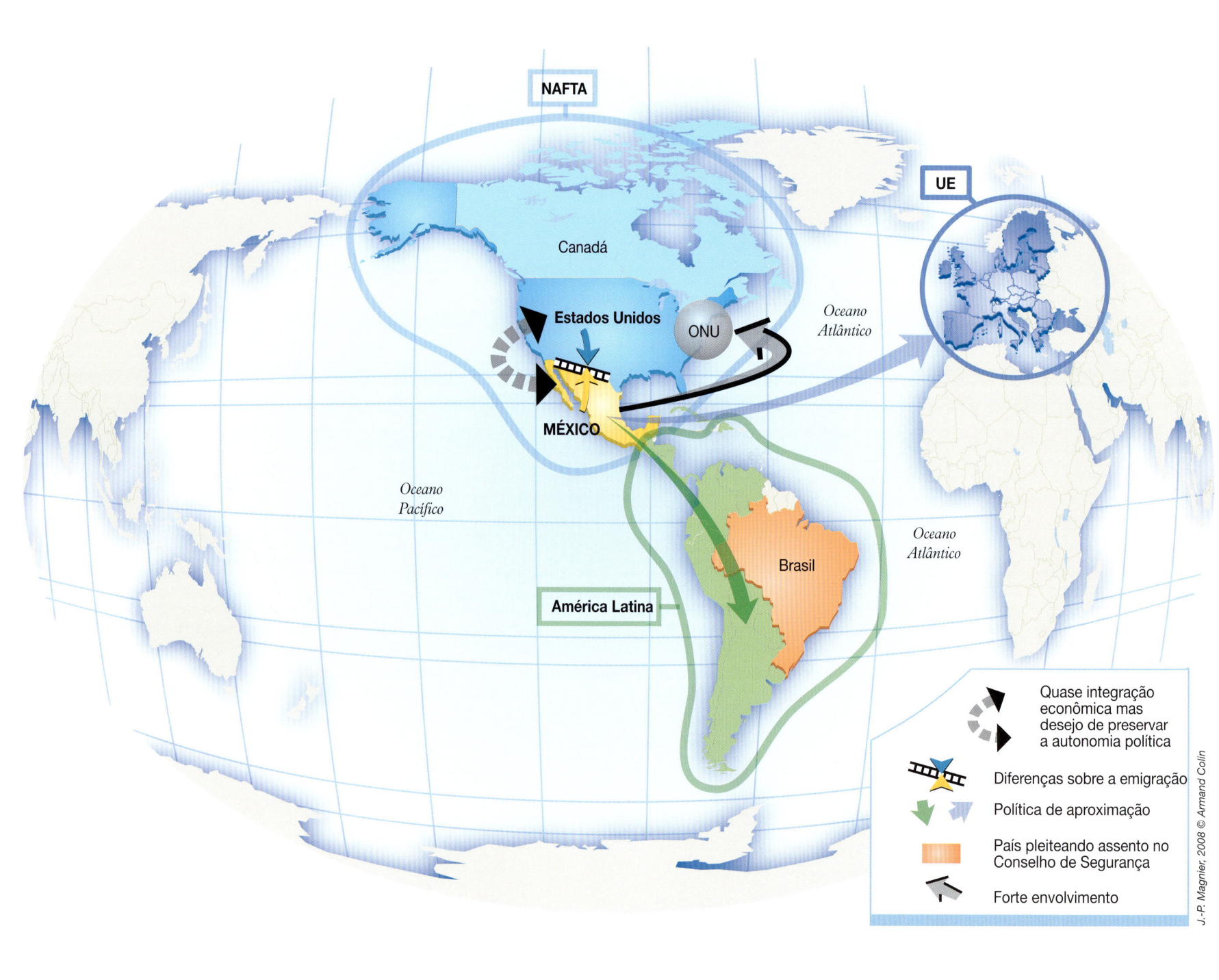

ONU

Oceano Atlântico

MÉXICO

Oceano Pacífico

Brasil

Oceano Atlântico

América Latina

Legenda:
- Quase integração econômica mas desejo de preservar a autonomia política
- Diferenças sobre a emigração
- Política de aproximação
- País pleiteando assento no Conselho de Segurança
- Forte envolvimento

J.-P. Magnier, 2008 © Armand Colin

O MUNDO VISTO PELO...

MÉXICO

"Pobre México, tão longe de Deus, tão perto dos Estados Unidos!" Nesse país, independente desde 1821, a proximidade com os Estados Unidos nem sempre foi vivenciada de maneira positiva. Uma única guerra opôs os dois países, entre 1846 e 1848, mas ela se traduziu para o México na perda da Califórnia, do Novo México, do Arizona e do Texas. Em 1861, o México sofreu igualmente uma intervenção militar francesa, mas que foi um fiasco para Napoleão III. Pouco depois da Revolução Mexicana de 1911, o México precisou suportar ainda o desembarque de tropas norte-americanas em Vera Cruz. Portanto, a história explica a opção mexicana por princípios de soberania nacional, integridade territorial e não-ingerência em seus negócios internos. A relação com os Estados Unidos determina em grande parte a política mexicana. A nacionalização do petróleo em 1938 é vista, assim, mais como um meio de independência nacional do que de justiça social.

Os 3.000 quilômetros de fronteira comum impossibilitam que os dois países se ignorem, mas a história e a desigualdade de condições entre ambos impedem que suas relações sejam tranquilas. Durante a guerra fria, o México marca sua diferença mantendo boas relações com o regime cubano e condena as diferentes ingerências norte-americanas na América Latina. Ele se coloca como um dos líderes do movimento dos países não alinhados, uma maneira de reforçar sua margem de manobra em relação a Washington. A escalada petroleira depois de 1973-1974 oferece novos meios, mas sua preocupação de independência o impede de se juntar à OPEP (Organização dos Países Exportadores de Petróleo). O México não pretende desenvolver um aparato militar, o que seria inútil — insignificante em relação a seu vizinho norte-americano e desmesurado em relação aos pequenos países da América Central. Em 1992, assina o Tratado Norte-Americano de Livre Comércio (Nafta, na sigla em inglês) com os Estados Unidos e o Canadá. Os EUA absorvem assim 85% das exportações mexicanas, e o México não soma mais do que 10% das exportações norte-americanas.

Membro temporário em 2003 do Conselho de Segurança da ONU, o México se opôs à guerra do Iraque. Seu apoio à Corte Penal Internacional também irritou os Estados Unidos. O México ratificou o protocolo de Kyoto. A construção, pelos Estados Unidos, de um muro para impedir as entradas ilegais em seu território é outro tema de discórdia. Ainda que culturalmente muito diferente, o México se encontra, sob certos aspectos, na mesma posição que o Canadá, obrigado a se definir em relação à hiperpotência norte-americana — indispensável e, ao mesmo tempo, irritante. Ele se pretende concorrente do Brasil pela preeminência latino-americana e também reclama uma cadeira de membro permanente no Conselho de Segurança da ONU, embora busque o papel de articulador entre a América do Sul e a América do Norte.

> *O México busca ser o articulador entre as duas Américas*

Mapa: Israel e o Oriente Médio

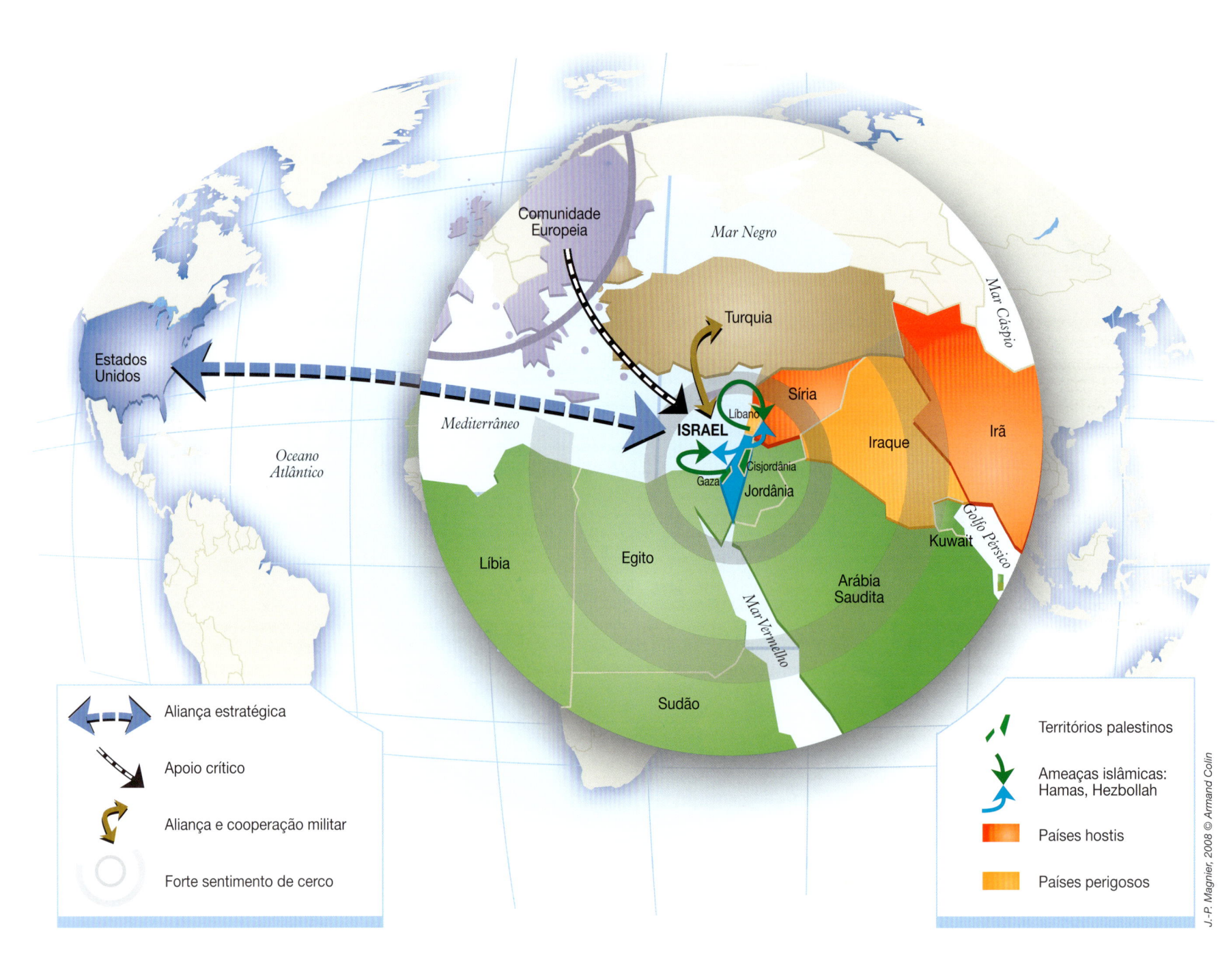

Legenda:

- ⬌ Aliança estratégica
- ⬇ Apoio crítico
- ↻ Aliança e cooperação militar
- ◯ Forte sentimento de cerco

- Territórios palestinos
- Ameaças islâmicas: Hamas, Hezbollah
- Países hostis
- Países perigosos

Regiões e países identificados:
- Estados Unidos
- Comunidade Europeia
- Turquia
- Síria
- Líbano
- Israel
- Cisjordânia
- Gaza
- Jordânia
- Iraque
- Irã
- Kuwait
- Líbia
- Egito
- Arábia Saudita
- Sudão

Mares e oceanos:
- Oceano Atlântico
- Mediterrâneo
- Mar Negro
- Mar Cáspio
- Mar Vermelho
- Golfo Pérsico

J.-P. Magnier, 2008 © Armand Colin

O MUNDO VISTO POR...

ISRAEL

Dispersos por Roma nos séculos I e II d.C., os judeus sofreram inúmeras perseguições ao longo dos tempos. Em 1492, foram expulsos do Reino da Espanha por Isabel, a Católica. A Revolução Francesa marca o reconhecimento de seus direitos no seio da República. Discriminação e pogroms se desenvolvem no Império Russo, em particular no século XIX. Em outros lugares da Europa, eles continuam sendo vítimas de antissemitismo, muitas vezes de maneira violenta. É em reação a essas manifestações de racismo que Theodor Hertzl publica em 1896 O Estado judeu, que será a base de seu projeto sionista. O sionismo é o reconhecimento do fato nacional judaico, nos moldes dos movimentos nacionalistas na Europa do século XIX, e tinha por objetivo a criação de um Estado onde os judeus estariam protegidos de perseguições. Em 1917, o ministro britânico do Exterior, lorde Balfour, pronuncia-se a favor da criação de um território judaico na Palestina, com base no princípio de "uma terra sem povo para um povo sem terra", contradizendo as promessas feitas aos árabes de obterem a independência plena face ao Império Otomano. Por outro lado, se de fato há um povo sem terra, não há terra sem povo. O desenvolvimento do antissemitismo entre as duas guerras mundiais na Europa provoca uma imigração massiva de judeus na Palestina, o que, por si só, gera tensões.

Mas é depois da Segunda Guerra Mundial, e em reação ao genocídio nazista, que se impõe a ideia da criação de um Estado para os judeus. A ONU — que, à época, compreende cerca de cinquenta Estados, entre os quais bem poucos do Sul — prevê um plano de divisão da Palestina, então sob tutela britânica, entre árabes palestinos e judeus. Mas essa solução foi recusada pelos países árabes vizinhos, que se lançam numa primeira guerra contra o novo Estado, Israel, e a perdem. Israel controla desde então 78% do território da Palestina sob tutela. A recusa árabe de reconhecer a existência de Israel, somada à memória do genocídio e às tradições antissemitas em muitos países, faz de Israel, para muitos judeus, um Estado de refúgio que, num meio hostil que deseja seu fim, sente sua existência ameaçada. Por ocasião da guerra de 1967, Israel conquista os 22% restantes da Palestina e a outra metade (leste) de Jerusalém, que formam hoje a base territorial de um eventual futuro Estado palestino. O general De Gaulle condena a ocupação desses territórios em 1967, o que marca o rompimento da aliança estratégica com a França e o começo da aliança com os Estados Unidos. Israel é visto então pelos próprios israelenses como uma nação ocidental e democrática, no seio do Oriente Médio, e por muitos como uma base avançada dos EUA na guerra fria. Assim, a aliança entre esses dois países parece indestrutível, e a guerra "contra o terrorismo" em 2001 só faz reforçá-la. Apesar de possuir um arsenal nuclear que faz de seu território um santuário, uma superioridade militar desde então incontestada, uma garantia estratégica, uma ajuda norte-americana multiforme e repetidas propostas de paz dos países árabes, Israel ainda vive sob o temor de sua destruição. Parte dos líderes políticos israelenses acredita que somente a supremacia militar e a continuação da ocupação dos territórios palestinos permitirão que Israel viva com segurança. Outra parte defende que é chegado o momento de fazer concessões territoriais para obter a paz e a normalização com os vizinhos árabes, e portanto de aceitar a criação de um Estado palestino, o que já pensava Itzhak Rabin na metade dos anos 1990. De acordo com pesquisas, há muitos anos a opinião israelense aceita a ideia de um Estado palestino. Mas ele ainda se faz esperar.

> *Apesar da superioridade nuclear, Israel vive sempre sob o temor da destruição*

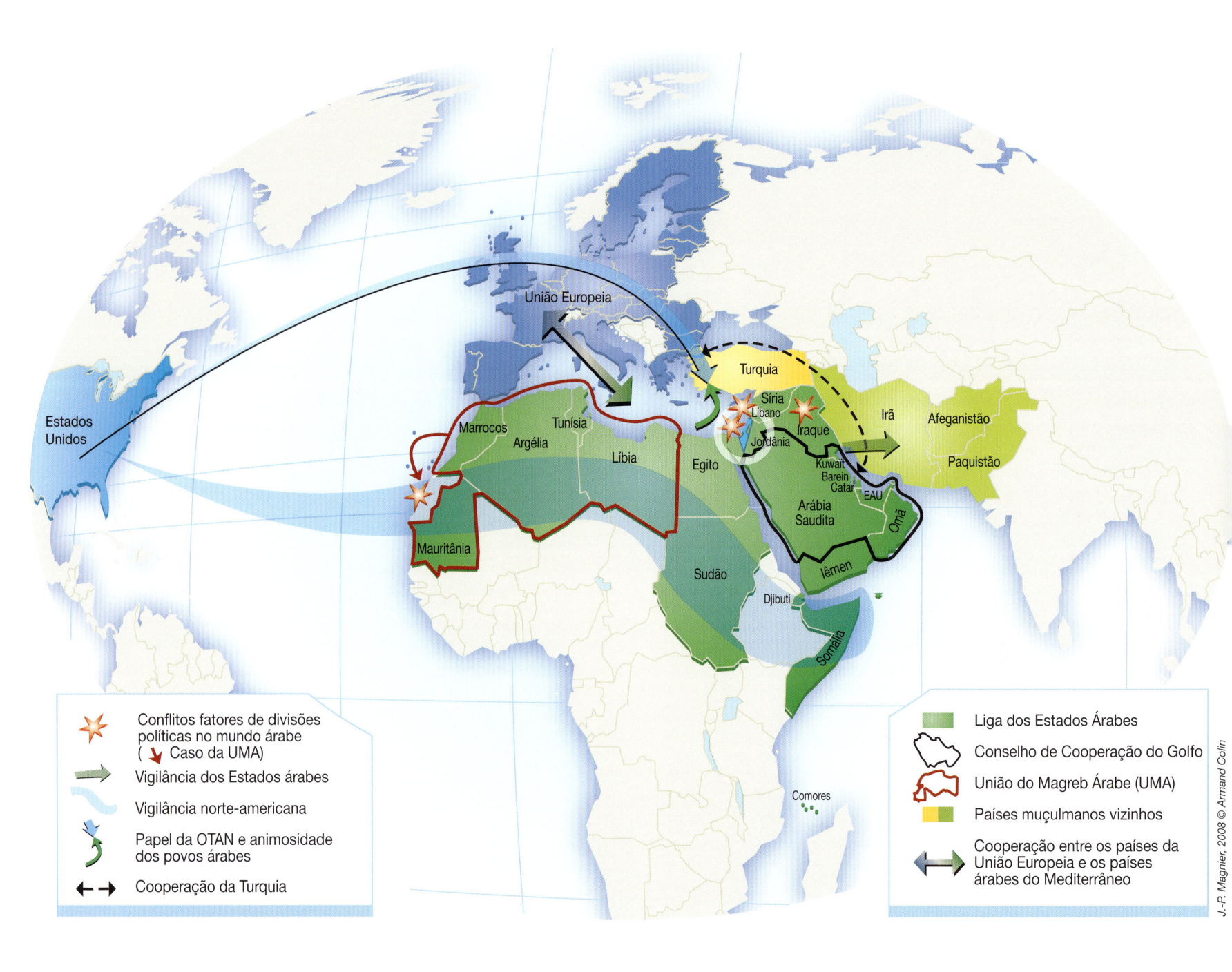

✦	Conflitos fatores de divisões políticas no mundo árabe (↘ Caso da UMA)
➡	Vigilância dos Estados árabes
〰	Vigilância norte-americana
⬇	Papel da OTAN e animosidade dos povos árabes
←→	Cooperação da Turquia

🟩	Liga dos Estados Árabes
⬛	Conselho de Cooperação do Golfo
🟥	União do Magreb Árabe (UMA)
🟨	Países muçulmanos vizinhos
⬄	Cooperação entre os países da União Europeia e os países árabes do Mediterrâneo

J.-P. Magnier, 2008 © Armand Colin

O MUNDO PELO...

MUNDO ÁRABE

Surgida no século VII e espalhada por três continentes desde o século VIII, a civilização árabe é, na época medieval, mais dinâmica e poderosa que a cristã, com a qual compete. Somente a civilização chinesa — fechada em si mesma — pode então pretender se igualar a ela. Mas, no século XV, os árabes são expulsos da Europa. No século XVI, os otomanos impõem sua soberania no Oriente Médio. Embora conservando certo grau de autonomia, os árabes vivem quatro séculos sob domínio otomano. A partir do século XIX, e durante todo o XX, a França, a Grã-Bretanha e a Itália estabelecem colônias no norte da África. Ao longo da Primeira Guerra Mundial, enquanto o Império Otomano alia-se à Alemanha, a maioria dos árabes toma partido dos aliados, na esperança de assim conquistar a independência. Mas essas esperanças malogram: a França e a Grã-Bretanha, pelos acordos Sykes-Picot, dividem entre si os protetorados no Oriente Médio. A Declaração de Balfour, em 1917, abre caminho para a criação de um território nacional judeu na Palestina. Os árabes passam então da dominação otomana à dominação europeia. Ao sentimento de traição junta-se o de humilhação. Depois da Segunda Guerra Mundial, a criação do Estado de Israel é vivida como um novo choque, e os árabes sentem que estão pagando por um crime europeu. Eles serão mais uma vez humilhados em 1948-1949 por sua derrota na guerra contra o recém-proclamado Estado de Israel. Os movimentos pan-árabes desenvolvem a partir de então uma retórica antiocidental e/ou anti-Israel. A nacionalização do canal de Suez em 1956 por Nasser e a retirada forçada, sob pressão norte-americana, dos franceses e britânicos depois da expedição militar destes em Suez são vistas como uma revanche sobre os ocidentais. A Guerra dos Seis Dias, em 1967, e a derrota dos exércitos árabes, nova humilhação, marcam o início da agonia do nacionalismo árabe. Os movimentos fundamentalistas começam então a prosperar, baseados na derrota do nacionalismo, na crise social e de identidade e na condenação da corrupção das elites comprometidas com os Estados Unidos. A unidade *árabe*, mais do que *muçulmana*, certamente ainda hoje é reivindicada pela maior parte dos habitantes da região; contudo, esses países vivem sob grande fragmentação política, caracterizada por intensas rivalidades interárabes. Outra contradição reside no fato de que as populações são endemicamente anti-Estados Unidos, por causa do apoio político, militar e financeiro que estes oferecem a Israel e da política israelense de colonização dos territórios palestinos ocupados e ainda por causa da guerra do Iraque, ao mesmo tempo que a maior parte dos regimes árabes tem acordos de segurança com os mesmos Estados Unidos. A persistência do conflito Israel-Palestina e a inexistência de Estado palestino mobilizam as opiniões do mundo árabe. Essa causa é instrumentalizada há tempos por certos regimes para ocultar as deficiências democráticas e sociais internas, assim como, de um outro modo, também é instrumentalizada pelos islamistas. A guerra do Iraque contribuiu para dar à opinião pública árabe, bem como a certos regimes da região, motivos suplementares de radicalização e frustração. Depois da democratização imposta pelo exterior ter-se revelado impossível ou aventureira, o mundo árabe encara, mais do que nunca, o triplo desafio da modernização, da democracia e do recrudescimento do islamismo, sob a pressão de ocidentais muitas vezes desastrados e contraprodutivos em suas intervenções.

A causa palestina foi instrumentalizada

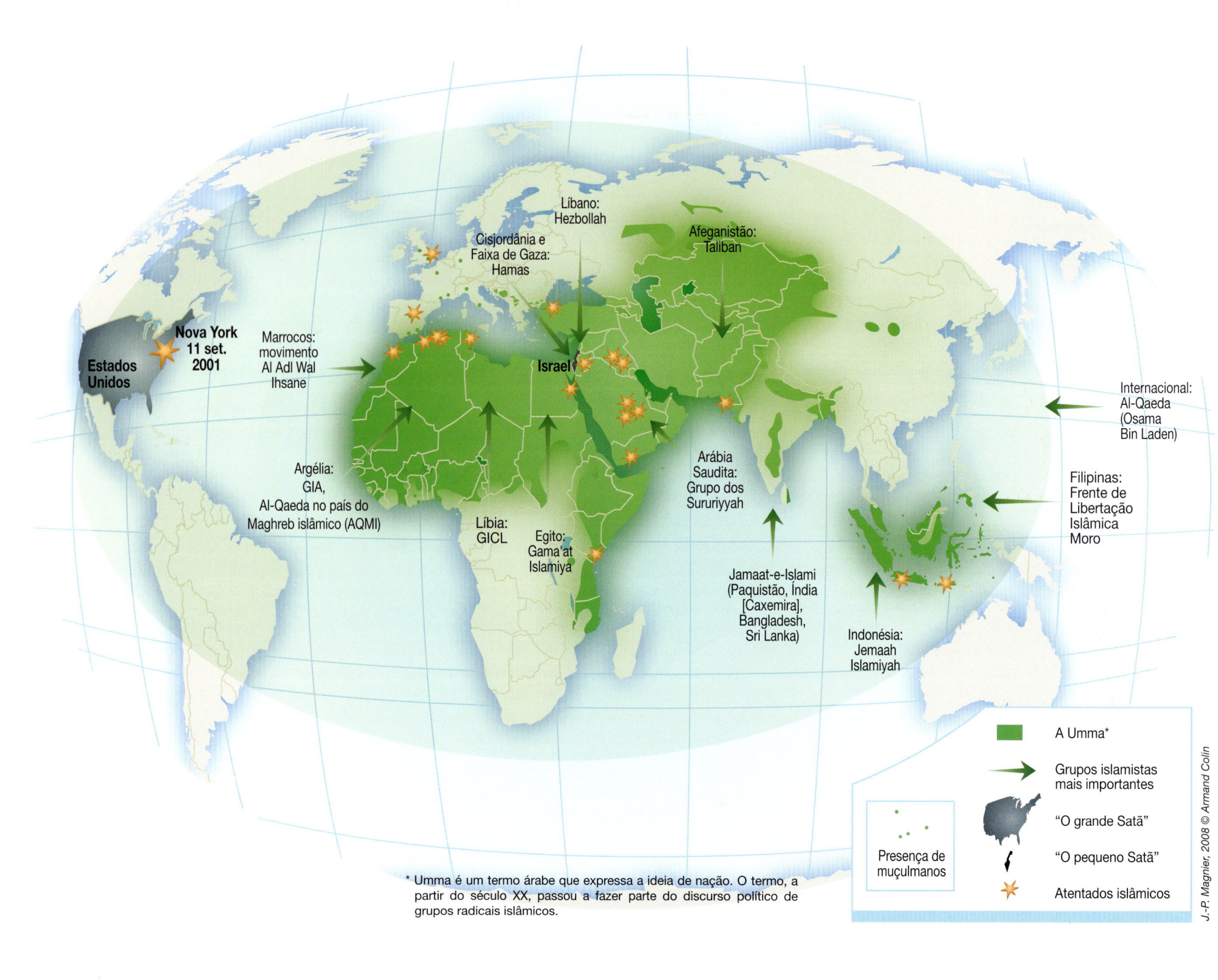

Mapa: A Umma e os grupos islamistas

Legenda:
- A Umma*
- Grupos islamistas mais importantes
- "O grande Satã"
- "O pequeno Satã"
- Atentados islâmicos
- Presença de muçulmanos

Localizações e grupos indicados no mapa:
- Estados Unidos
- Nova York, 11 set. 2001
- Marrocos: movimento Al Adl Wal Ihsane
- Cisjordânia e Faixa de Gaza: Hamas
- Líbano: Hezbollah
- Afeganistão: Taliban
- Israel
- Argélia: GIA, Al-Qaeda no país do Maghreb islâmico (AQMI)
- Líbia: GICL
- Egito: Gama'at Islamiya
- Arábia Saudita: Grupo dos Sururiyyah
- Jamaat-e-Islami (Paquistão, Índia [Caxemira], Bangladesh, Sri Lanka)
- Indonésia: Jemaah Islamiyah
- Filipinas: Frente de Libertação Islâmica Moro
- Internacional: Al-Qaeda (Osama Bin Laden)

* Umma é um termo árabe que expressa a ideia de nação. O termo, a partir do século XX, passou a fazer parte do discurso político de grupos radicais islâmicos.

J.-P. Magnier, 2008 © Armand Colin

O MUNDO VISTO PELOS...

ISLAMISTAS

Evidentemente, é preciso não confundir os islamistas com os muçulmanos em geral, e tampouco com os fundamentalistas religiosos. A maior parte das religiões, sobretudo as religiões reveladas, assistiram ao surgimento de tais desvios em seu seio. Quanto aos terroristas, eles não são todos islamistas, e os islamistas não são todos terroristas. Contudo, é importante conhecer a visão que os islamistas militantes têm do mundo, ainda que eles sejam bem minoritários. Essa visão era literalmente "impensável" pelos ocidentais adeptos do progresso e do universalismo antes de se popularizar pela revolução islâmica do Irã, por diversas guerras civis e ondas de terrorismo e, por fim, simbolizada pela Al Qaeda.

Xiitas ou sunitas, os islamistas querem estabelecer, em todo o mundo muçulmano, uma comunidade de fiéis, a Umma. Para os mais radicais, isso se aplica também aos países onde viveram muçulmanos, mesmo que tenham sido expulsos há muito tempo — como a Andaluzia, na Europa Ocidental — e todos os lugares onde atualmente vivem grupos significativos de muçulmanos. Segundo os radicais, essa comunidade deve viver estritamente de acordo com as regras do Corão, interpretadas da maneira mais rigorosa. Resulta daí os islamistas não combaterem, em primeiro lugar, os ocidentais, mas sim os governos árabes, ou muçulmanos, que não respeitam ou não impõem verdadeiramente o Corão — isto é, na opinião desses radicais, quase todos eles. À exceção do Irã a partir de 1979, do Afeganistão sob o comando dos talibans e, até certo ponto, do Sudão, em lugar nenhum eles conseguiram atingir seus objetivos. Entretanto, os partidos islamistas, ou que professam o Islã, estão presentes, mais ou menos tolerados ou aceitos pelas autoridades, em todos os países árabes ou muçulmanos onde há eleições, desde que elas sejam relativamente livres.

Os islamistas combatem em segundo lugar os ocidentais ("os cruzados") porque estes apoiam os regimes "corrompidos", porque apoiam os israelenses que oprimem os palestinos — de modo menos sistemático, isso pode incluir os russos por causa dos tchetchenos, os indianos por causa da Caxemira, os chineses por causa dos uigures —, porque impedem os muçulmanos que vivem no Ocidente de viver de acordo com sua fé, porque exercem uma influência deletéria sobre mulheres, jovens, etc.

O futuro do Islã, e portanto de uma grande parte do mundo, dependerá do fim do confronto entre as minorias modernista e islamista pelo controle da imensa massa central de muçulmanos seguidores da sua fé e do seu modo de vida, mas sem extremismo. A política adotada pelos ocidentais poderá ajudar, ou em alguns casos atrapalhar, a luta dos muçulmanos moderados contra os islamistas. Os terroristas não podem ganhar, mas política alguma fará com que eles desapareçam de uma hora para outra.

> *Os islamistas combatem, antes de tudo, os regimes árabes que não impõem o Corão*

Legenda

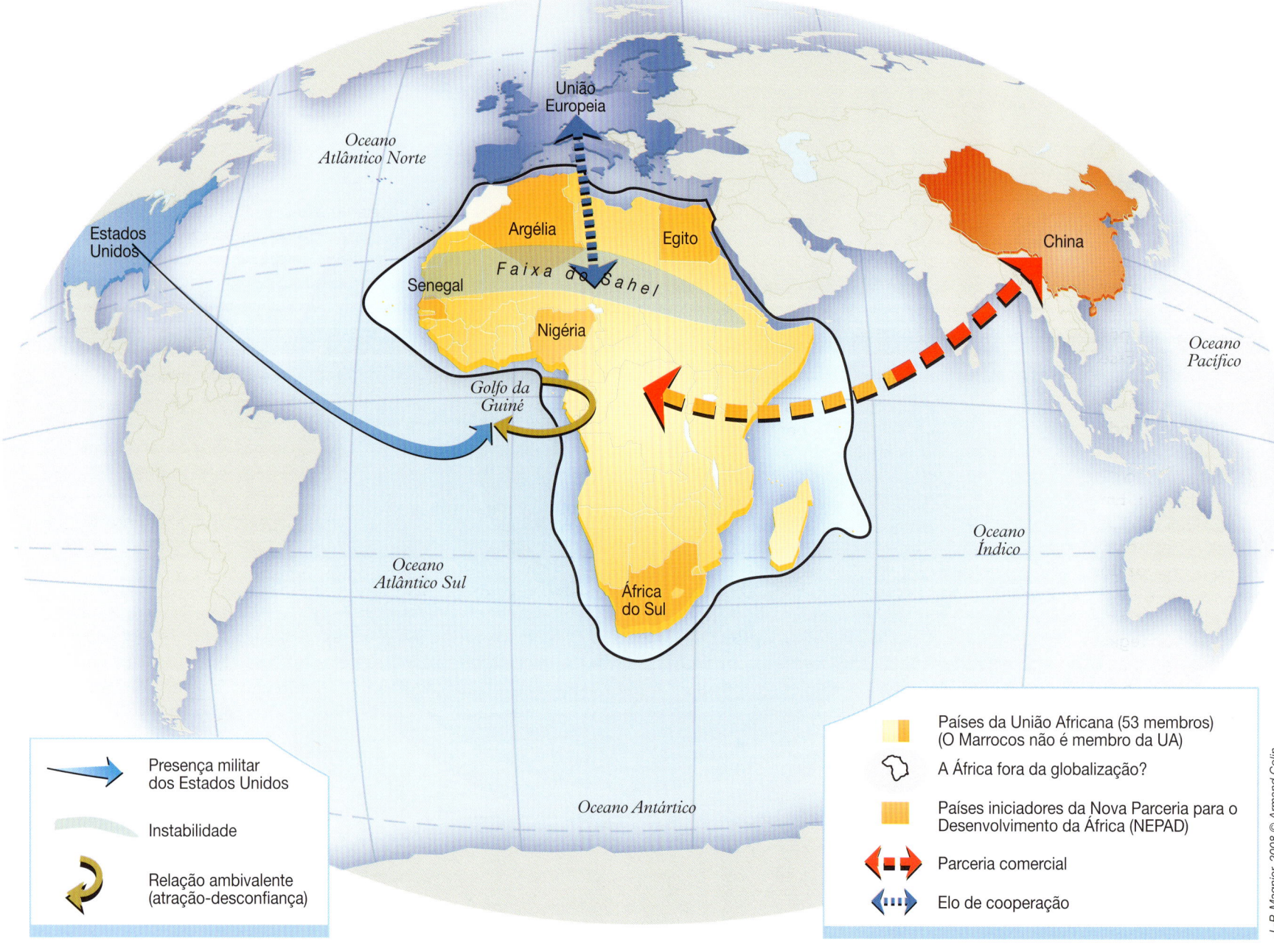

Presença militar dos Estados Unidos

Instabilidade

Relação ambivalente (atração-desconfiança)

Países da União Africana (53 membros) (O Marrocos não é membro da UA)

A África fora da globalização?

Países iniciadores da Nova Parceria para o Desenvolvimento da África (NEPAD)

Parceria comercial

Elo de cooperação

Locais indicados no mapa: Estados Unidos, União Europeia, China, Argélia, Egito, Senegal, Nigéria, Faixa do Sahel, Golfo da Guiné, África do Sul, Oceano Atlântico Norte, Oceano Atlântico Sul, Oceano Pacífico, Oceano Índico, Oceano Antártico.

J.-P. Magnier, 2008 © Armand Colin

O MUNDO VISTO PELOS...

AFRICANOS

Para muitos ocidentais e europeus, a África é o continente das tragédias (Darfur), das pandemias (malária e Aids), dos golpes de Estado, das eleições fraudulentas, da fome, etc. Por remorso ou generosidade, os ricos europeus pensam dever à África compaixão e ajuda (governamental, não-governamental e outras).

Os africanos não se veem mais assim. Dos 54 Estados africanos, mais da metade assiste a um crescimento econômico de 6% a 7% ao ano e se modernizam rapidamente. O apetite mundial por matérias-primas aumenta seus preços no mercado internacional. Os africanos não se sentem mais presos na relação com as antigas metrópoles da época colonial: Paris, Londres, Bruxelas ou Lisboa. Nem mesmo hoje em dia com a Comissão Europeia, que se supõe representar uma entidade pronta a ajudar e fomentar o desenvolvimento. Alguns países africanos especialmente carentes (os PMDs — Países Menos Desenvolvidos) continuam demandando ajuda prioritária (ajuda governamental, cancelamento de dívidas). Eles esperam muito da "comunidade internacional" e das organizações multilaterais, assim como do sistema das Nações Unidas, único ambiente onde podem ter alguma voz. Protestam contra o endurecimento das condições econômicas e políticas associadas à ajuda oferecida pelos ocidentais e às organizações que deles dependem.

Portanto, os africanos veem com bons olhos o novo interesse dos chineses pelas matérias-primas africanas, a ajuda chinesa e a realização de cúpulas China-África, ainda que saibam que é uma faca de dois gumes. Reagem da mesma maneira à nova vigilância que os Estados Unidos manifestam em relação ao golfo da Guiné (criação de um comando militar especial) ou em relação à faixa do Sahel (luta contra o terrorismo), ou ainda aos projetos de outros investidores (países do Golfo). A maior parte dos países africanos procura se inserir na economia de mercado global e dela tirar proveito, sem que com isso tenha de renunciar aos benefícios das políticas de ajuda e às antigas relações bilaterais com as capitais europeias, mas agora sem se submeter a condições políticas impossíveis de satisfazer, e ao mesmo tempo mantendo a possibilidade de deixar uma parte de sua juventude mais dinâmica tentar a sorte na Europa. A União Africana, que sucedeu a Organização da Unidade Africana, é uma tentativa de harmonizar essas aspirações contraditórias. Organizações regionais foram criadas no oeste e no sul da África. A Europa moderna pensa na África em termos de parceria. Mas uma parceria não pode ser elaborada unilateralmente.

A África busca se inserir na economia global sem precisar renunciar às políticas de ajuda

Os principais reinos africanos

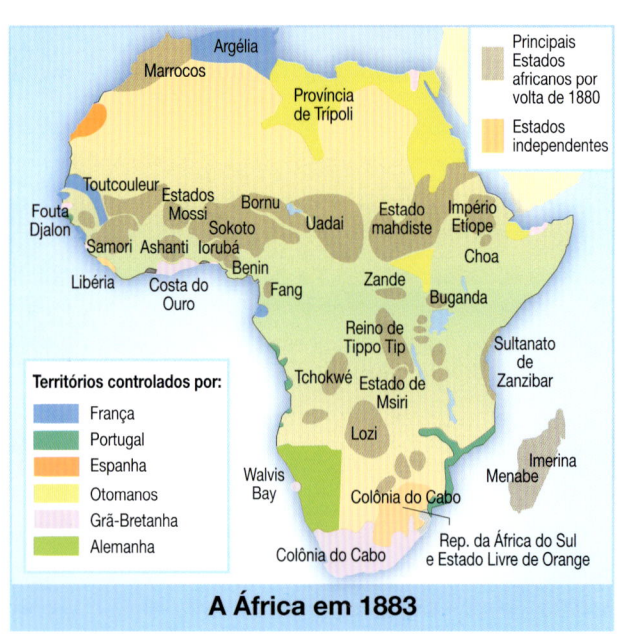

Legenda:
- Reinos ou impérios
- Fronteiras dos Estados atuais

Reinos/territórios identificados: Cartago, Estado Merinide, Egito clássico, Tekrur, Wolof, Gana, Mali, Achanti, Songai, Iorubá, Kororofá, Kanem-Bornu, Baguirmi, Darfur, Kush (Méroé), Aksum, Funj, Etiópia, Kafa, Congo, Kitara, Kuba, Ruanda, Luba, Luanda, Lozi, Nguni, Kilwa, Monomotapa, Merinos, Zulu.

A África em 1883

Principais Estados africanos por volta de 1880 / **Estados independentes**

Territórios controlados por:
- França
- Portugal
- Espanha
- Otomanos
- Grã-Bretanha
- Alemanha

Localidades: Argélia, Marrocos, Província de Trípoli, Toutcouleur, Fouta Djalon, Estados Mossi, Bornu, Uadai, Estado mahdiste, Império Etíope, Samori, Ashanti, Sokoto, Iorubá, Choa, Libéria, Costa do Ouro, Benin, Fang, Zande, Buganda, Reino de Tippo Tip, Tchokwé, Estado de Msiri, Sultanato de Zanzibar, Lozi, Imerina, Menabe, Walvis Bay, Colônia do Cabo, Rep. da África do Sul e Estado Livre de Orange.

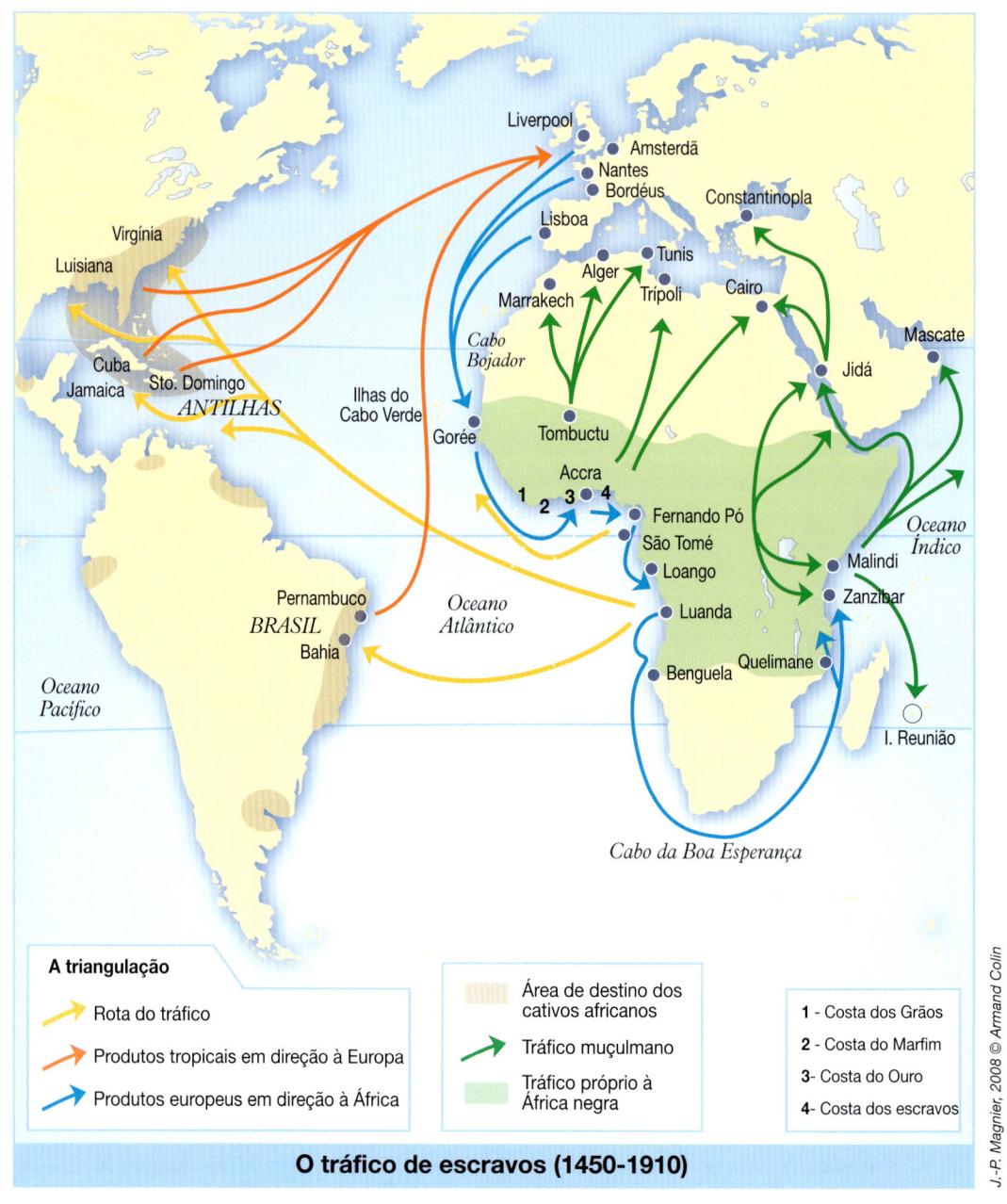

O tráfico de escravos (1450-1910)

A triangulação:
- Rota do tráfico
- Produtos tropicais em direção à Europa
- Produtos europeus em direção à África

- Área de destino dos cativos africanos
- Tráfico muçulmano
- Tráfico próprio à África negra

1 - Costa dos Grãos
2 - Costa do Marfim
3 - Costa do Ouro
4 - Costa dos escravos

Localidades: Liverpool, Amsterdã, Nantes, Bordéus, Lisboa, Constantinopla, Marrakech, Alger, Tunis, Trípoli, Cairo, Mascate, Virgínia, Luisiana, Cuba, Jamaica, Sto. Domingo, Antilhas, Cabo Bojador, Ilhas do Cabo Verde, Gorée, Tombuctu, Accra, Jidá, Fernando Pó, São Tomé, Loango, Malindi, Zanzibar, Luanda, Benguela, Quelimane, Pernambuco, Brasil, Bahia, I. Reunião, Cabo da Boa Esperança.

J.-P. Magnier, 2008 © Armand Colin

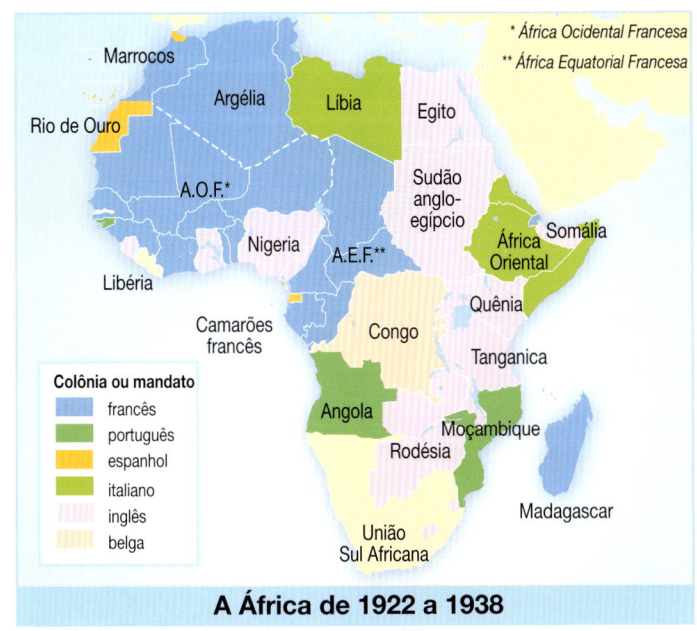

A África de 1922 a 1938

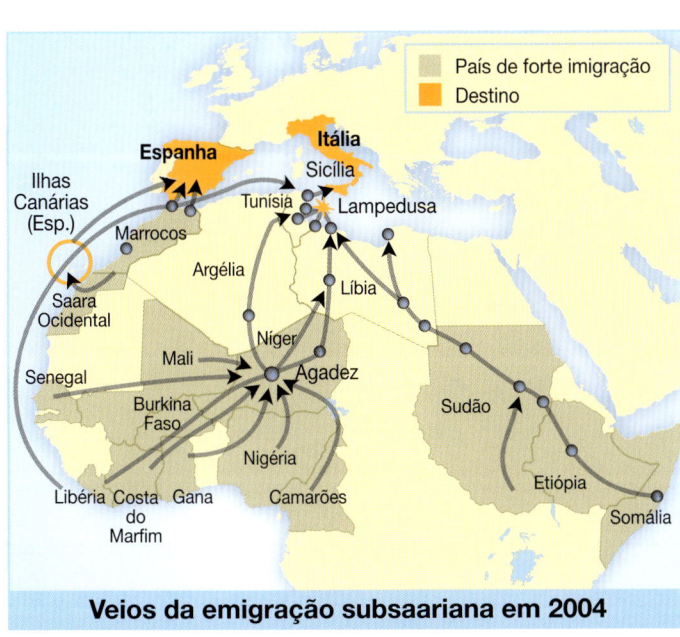

* África Ocidental Francesa
** África Equatorial Francesa

Colônia ou mandato:
- francês
- português
- espanhol
- italiano
- inglês
- belga

Países/territórios: Marrocos, Rio de Ouro, Argélia, Líbia, Egito, A.O.F.*, Sudão anglo-egípcio, Líbéria, Nigéria, A.E.F.**, África Oriental, Somália, Camarões francês, Congo, Quênia, Tanganica, Angola, Rodésia, Moçambique, Madagascar, União Sul Africana

Veios da emigração subsaariana em 2004

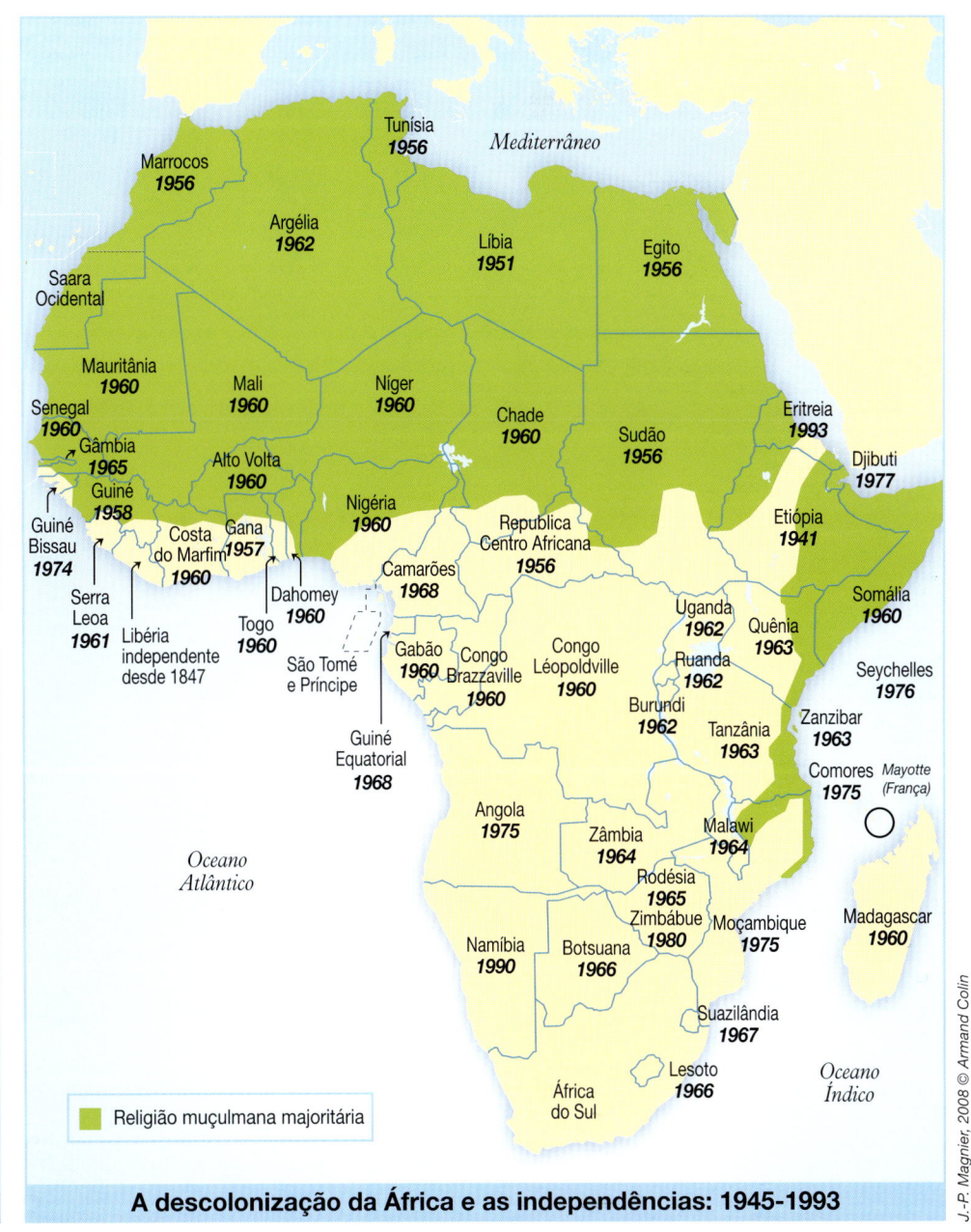

- País de forte imigração
- Destino

Destinos: Espanha, Itália, Sicília, Lampedusa
Ilhas Canárias (Esp.), Marrocos, Tunísia, Argélia, Líbia, Saara Ocidental, Senegal, Mali, Níger, Agadez, Burkina Faso, Libéria, Costa do Marfim, Gana, Nigéria, Camarões, Sudão, Etiópia, Somália

A descolonização da África e as independências: 1945-1993

Religião muçulmana majoritária

- Tunísia 1956
- Marrocos 1956
- Argélia 1962
- Líbia 1951
- Egito 1956
- Saara Ocidental
- Mauritânia 1960
- Senegal 1960
- Gâmbia 1965
- Guiné Bissau 1974
- Guiné 1958
- Serra Leoa 1961
- Libéria independente desde 1847
- Costa do Marfim 1960
- Gana 1957
- Mali 1960
- Alto Volta 1960
- Togo 1960
- Dahomey 1960
- Níger 1960
- Nigéria 1960
- Chade 1960
- Sudão 1956
- Camarões 1968
- República Centro Africana 1956
- Eritreia 1993
- Djibuti 1977
- Etiópia 1941
- Somália 1960
- São Tomé e Príncipe
- Guiné Equatorial 1968
- Gabão 1960
- Congo Brazzaville 1960
- Congo Léopoldville 1960
- Uganda 1962
- Ruanda 1962
- Burundi 1962
- Quênia 1963
- Tanzânia 1963
- Seychelles 1976
- Zanzibar 1963
- Comores 1975
- Mayotte (França)
- Angola 1975
- Zâmbia 1964
- Malawi 1964
- Rodésia 1965
- Zimbábue 1980
- Moçambique 1975
- Madagascar 1960
- Namíbia 1990
- Botsuana 1966
- Suazilândia 1967
- Lesoto 1966
- África do Sul

J.-P. Magnier, 2008 © Armand Colin

Legenda

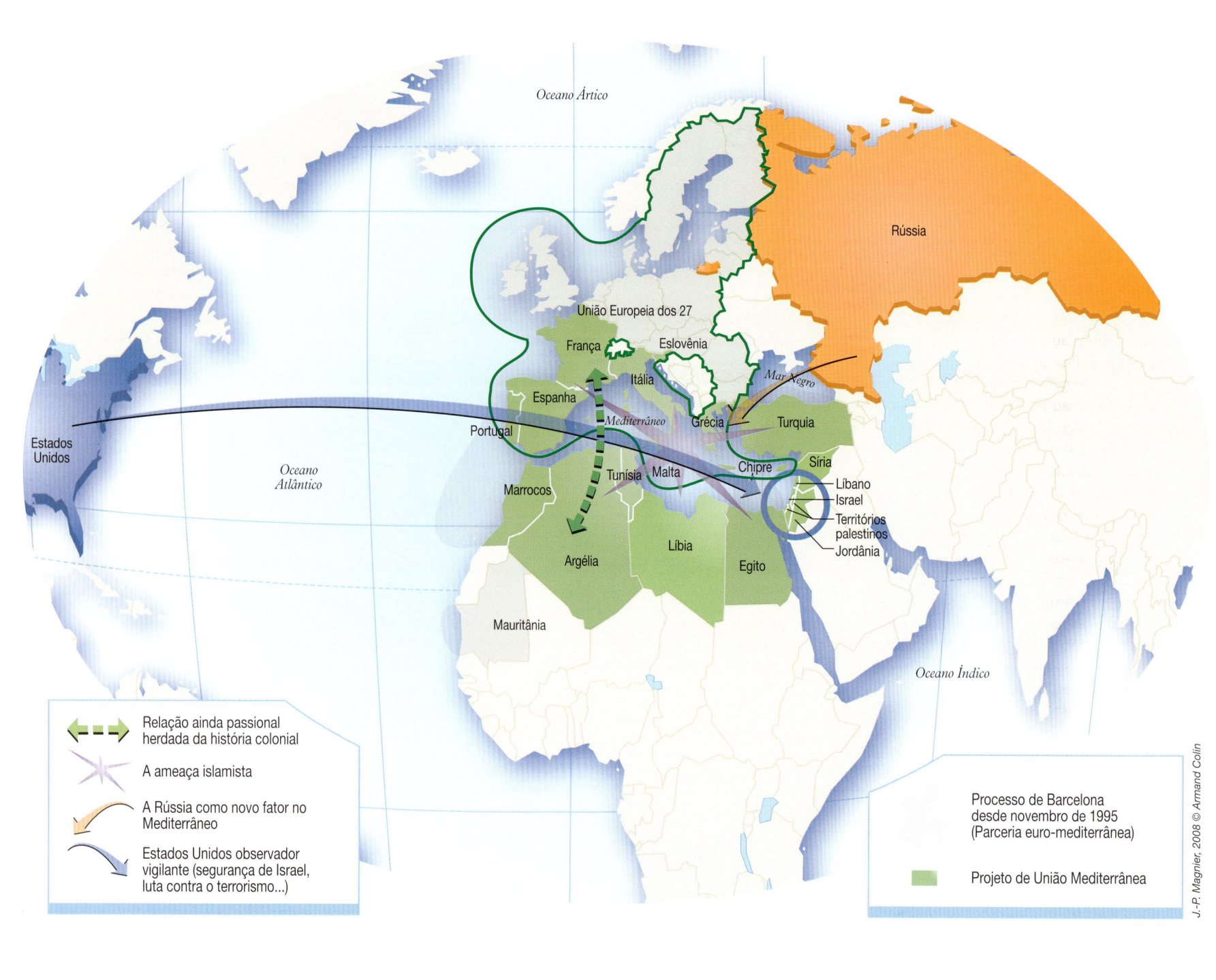

- ← ─ → Relação ainda passional herdada da história colonial
- ✳ A ameaça islamista
- ↘ A Rússia como novo fator no Mediterrâneo
- ↘ Estados Unidos observador vigilante (segurança de Israel, luta contra o terrorismo...)

Processo de Barcelona desde novembro de 1995 (Parceria euro-mediterrânea)

Projeto de União Mediterrânea

Países e regiões identificados no mapa: Oceano Ártico, Rússia, União Europeia dos 27, França, Eslovênia, Itália, Espanha, Portugal, Mediterrâneo, Mar Negro, Grécia, Turquia, Chipre, Síria, Líbano, Israel, Territórios palestinos, Jordânia, Tunísia, Malta, Marrocos, Argélia, Líbia, Egito, Mauritânia, Estados Unidos, Oceano Atlântico, Oceano Índico.

J.-P. Magnier, 2008 © Armand Colin

O MUNDO VISTO PELOS...

MEDITERRÂNEOS

Define-se na maior parte das vezes o Mediterrâneo sob os aspectos oceanográfico, climático ou geográfico, e fazer uma lista dos países que o circundam (ao todo 27, e mais alguns se incluirmos os mares Adriático e Negro). Por outro lado, no plano político, religioso, linguístico e cultural, a não ser que se remonte ao Império Romano, são os contrastes, quiçá os antagonismos, que saltam aos olhos. A principal ruptura foi introduzida no século VII pela conquista do sul e do leste do Mediterrâneo e de quase toda a Espanha por uma nova religião, o Islã, conquista que durou muitos séculos. Essa diferença é essencial, ainda que seja preciso distinguir, no mundo muçulmano mediterrâneo, entre turcos e árabes e, entre estes, pontuar as singularidades dos diferentes países. E, no seio do mundo "cristão", distinguir entre católicos e ortodoxos. É preciso acrescentar ainda a existência, desde 1948, do Estado de Israel, cujas relações com seus vizinhos árabes ainda não estão normalizadas e permanecem subordinadas à criação de um Estado palestino. Os países da margem norte (europeus) estão entre os mais desenvolvidos e mais ricos do mundo. Os países do sul têm um PIB que varia muito, de acordo com a posse de fontes de gás e petróleo em seu território (caso da Argélia, Líbia e, em menor grau, o Egito). Mas, com relação aos índices de desenvolvimento humano da ONU, são países que ainda estão em desenvolvimento.

As relações dos países do sul com as antigas potências colonizadoras (França, Itália, Grã-Bretanha, Espanha) são — apenas em princípio (França/Argélia) — objetivas e voltadas para o futuro.

Constatando a interdependência econômica e humana dessa zona entre a Europa e o Mediterrâneo, a União Europeia desenvolve, há quase trinta anos, políticas de ajuda, de boa-vizinhança e de acordos diversos com o sul do Mediterrâneo, e, desde 1995, um ambicioso processo de parceria chamado de "Barcelona". Os países do sul apreciam a ajuda financeira vinculada a esse processo, mas desejariam que fosse menos condicionado. Solicitam maior acesso ao mercado e, cada vez mais, uma quase liberdade de movimentos migratórios. Os países europeus, por sua vez, submetidos a uma pressão muito forte, vão na direção de um controle reforçado desses fluxos. De seu lado, os movimentos islâmicos extremistas sonham com uma islamização da cristandade, a partir das fortes minorias muçulmanas na Europa. Os Estados Unidos veem no Mediterrâneo, acima de tudo, uma zona sensível (segurança de Israel, luta contra o terrorismo) supervisionada pela 7ª Frota. A Rússia, depois de um eclipse de quinze anos, manda a sua própria frota de volta à região. Os olhares sobre o Mediterrâneo são muito diversos.

Vários grupos, principalmente de países europeus, notadamente da França, militam por uma grande "política mediterrânea" que transcenda tais diferenças e obstáculos, abarcando o conjunto ou, mais modestamente, interessando-se prioritariamente pelo Mediterrâneo ocidental. Uma integração Norte-Sul geraria um crescimento suplementar de 1,5% no Norte da África e de 0,5% nos países mediterrâneos da União Europeia. O presidente francês propôs, em meados de 2007, uma União do Mediterrâneo, constituída por mediterrâneos. Mas as instituições europeias e os países não mediterrâneos da União Europeia, a começar pela Alemanha, preferiram políticas da União *em benefício* da margem sul — abordagem que, contudo, desde 1995 vem decepcionando — e não estão realmente dispostos a elaborar uma política *com* a margem sul. Em todo caso, é provável que se multipliquem projetos diversos associando países das duas margens.

> *A principal ruptura se deu no século VII com as conquistas islâmicas*

Legenda:

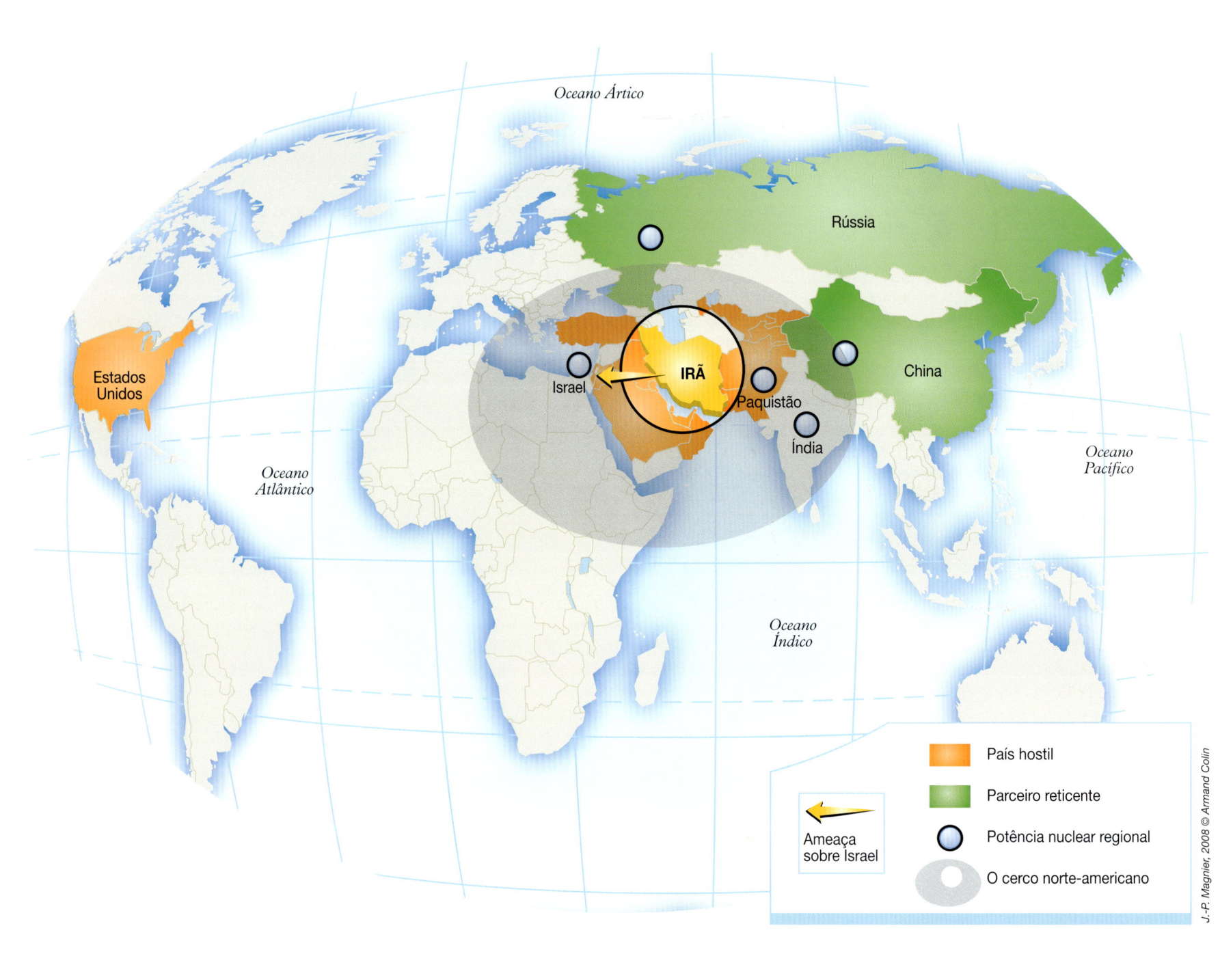

- 🟧 País hostil
- 🟩 Parceiro reticente
- ⚪ Potência nuclear regional
- ⬭ O cerco norte-americano
- ← Ameaça sobre Israel

Países identificados:
- Estados Unidos
- Rússia
- China
- Irã
- Israel
- Paquistão
- Índia

Oceano Ártico, Oceano Atlântico, Oceano Pacífico, Oceano Índico

J.-P. Magnier, 2008 © Armand Colin

O MUNDO VISTO PELO...

IRÃ

Os iranianos estão divididos entre as reminiscências do esplendor e do poder do Império Persa, a forte lembrança das tentativas de dominação das potências estrangeiras ou de vizinhos atraídos por sua riqueza, sua posição estratégica e sua relativa fraqueza, e o sentimento de ameaças permanentes vindas de todas as direções. Disso resulta um nacionalismo exacerbado ao qual se atrela a militância islâmica. O Irã tem medo do resto do mundo, mas também provoca temor.

O xiismo é a religião dominante no Império Persa desde o início do século XVI, por oposição ao Império Otomano, sunita. No século XIX e na primeira metade do século XX, o Irã entrou em confronto com as investidas imperialistas de Moscou e Londres. Sofreu, em 1953, a derrubada do regime democrático de Mohammed Mossadegh, que havia nacionalizado o petróleo em 1951, e a imposição, com a ajuda de Washington, do regime simultaneamente modernizador e repressivo do xá, que os Estados Unidos queriam transformar em "policial" do golfo Pérsico. O Irã de fato pressentia a vantagem de ser um país rico, não árabe, de ser um gigante demográfico em comparação com seus vizinhos árabes, e de estar estrategicamente ligado aos Estados Unidos e a Israel.

Vinte e cinco anos depois, em 1979, uma revolução identitária religiosa e social afasta o xá e coloca o aiatolá Khomeini no poder. Os países do golfo — alguns com grande parte da população xiita — e, por aí afora, todos os países muçulmanos, temem um expansionismo religioso e político do regime e suas recaídas. O Irã rompe com os Estados Unidos (tidos como o "grande Satã"). Diplomatas norte-americanos em Teerã são feitos reféns, a despeito das convenções internacionais. Os Estados Unidos não conseguem libertá-los. As relações diplomáticas, estratégicas e comerciais entre os dois países se rompem. Em 1980, o Iraque de Saddam Russein ataca o Irã, iludido pela crença de uma vitória rápida. O Iraque chega a usar armas químicas, ao mesmo tempo que mantém o apoio de certas potências ocidentais e dos países árabes, que julgam ainda maior o perigo da revolução islâmica. A guerra se estende por oito anos, faz um milhão de mortos e termina com a manutenção do *status quo*.

O Irã se mantém afastado da Guerra do Golfo de 1990-1991, sem que isso permita uma reconciliação com os norte-americanos,

> *O Irã teme o resto do mundo, mas também provoca temor*

apesar dos pequenos progressos nesse sentido ao longo do segundo mandato do presidente Clinton. Sua sensação de isolamento, a percepção de uma ameaça multiforme e até de um cerco hostil (países árabes, o Afeganistão dos talibans, Israel, Paquistão, Turquia, Estados Unidos) é profunda. A denúncia de George W. Bush em janeiro de 2002 de um "eixo do mal" que o Irã supostamente formaria com o Iraque e a Coreia do Norte acentua esse sentimento. A guerra do Iraque reforça a presença militar norte-americana às portas do Irã, mas, ao mesmo tempo, acaba com o poderio iraquiano hostil. Além disso, as ameaças proferidas contra Israel pelo presidente Ahmadinejad e o programa nuclear suspeito de objetivos militares (iniciado pelo xá do Irã, interrompido por Khomeini e retomado após os ataques químicos iraquianos) preocupam o resto do mundo, em especial os ocidentais.

O Irã certamente ocupará um lugar estratégico na região. Mas é pouco provável que isso aconteça sem que passe por uma prova de força, uma mudança de regime ou uma transformação geopolítica.

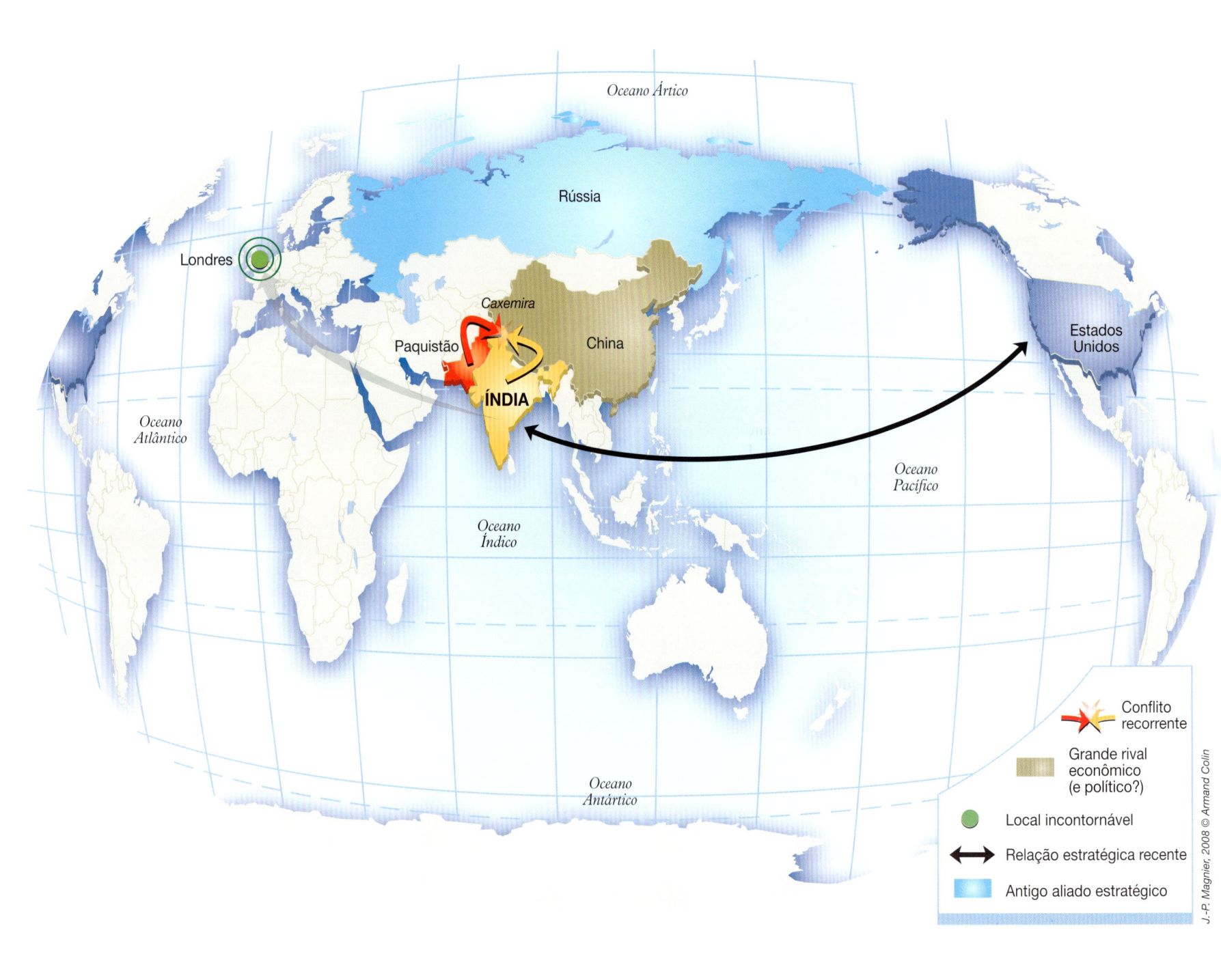

![conflito]	Conflito recorrente
	Grande rival econômico (e político?)
●	Local incontornável
↔	Relação estratégica recente
	Antigo aliado estratégico

J.-P. Magnier, 2008 © Armand Colin

O MUNDO VISTO PELA...
ÍNDIA

À época da guerra fria, a Índia ocupava um lugar de liderança entre os países não alinhados, o que lhe conferia no cenário mundial uma importância superior a seu peso econômico, relativamente pequeno. Esse não-alinhamento era, contudo, acompanhado de acordos militares com a União Soviética. Sob a influência de Gandhi, a Índia, que se apresentava como a maior democracia do mundo, destacava sua tradição de pacifismo, humanismo e universalismo. Em nível internacional, pregava a não-ingerência, o respeito à soberania, o desarmamento, e pleiteava ser o símbolo e o porta-voz dos países do Sul. Julgava isso compatível com a constituição de um arsenal nuclear e a afirmação de uma política de potência regional.

A Índia tinha dois grandes rivais. O primeiro era o Paquistão, cuja cisão à época da independência ainda não fora aceita por uma parte dos nacionalistas indianos e contra a qual o país empreendera três guerras — em 1948, 1962 e 1971 — que levaram no fim à independência de Bangladesh. Seu segundo rival era a China, para quem a Índia sofrera uma derrota traumatizante em 1962. Ao longo dos anos, o equilíbrio das forças econômicas, tecnológicas e militares entre a Índia e o Paquistão virou-se em favor de Nova Déli. Somente a posse de armas nucleares pelos dois países recolocou-os em certa igualdade e exigiu deles alguma cautela. Ao contrário, o aumento de poder econômico da China preocupa a Índia, que acredita que o mundo ocidental dá a Pequim atenção demais, em detrimento de si própria. O desaparecimento da oposição Leste-Oeste obrigou a Índia a reinventar sua diplomacia, uma vez que a implosão da União Soviética privou-a de seu principal parceiro estratégico. Desde então, a Índia opera uma reaproximação com Washington, na esperança de neutralizar o Paquistão e ter um aliado potencial contra a China. Ela espera tirar dessa parceria — contestada internamente pelos muçulmanos e pela esquerda — um meio de acelerar sua ascensão ao estatuto de grande potência.

Para a Índia, Washington é um aliado contra a China e um parceiro com influência sobre o Paquistão

Se os princípios de Gandhi são ainda defendidos, o nacionalismo indiano cresce cada vez mais. As capacidades nucleares, antes veladas, são assumidas depois de uma série de testes em 1998. A Índia aspira ser a sexta grande potência mundial e obter um assento de membro permanente no Conselho de Segurança da ONU. Acredita que sua importância internacional não tem o devido reconhecimento e que está em defasagem com a visão que tem de si mesma.

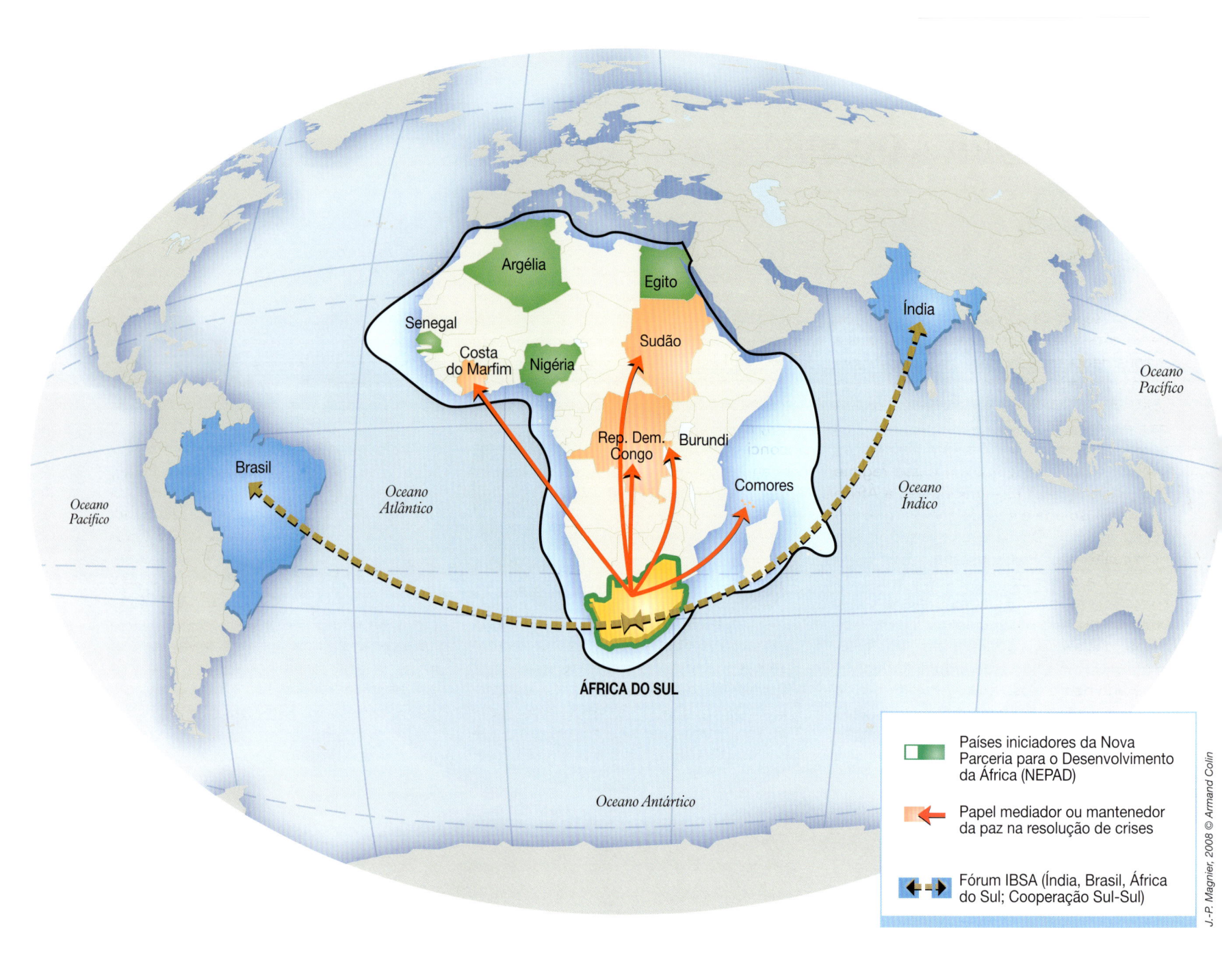

ÁFRICA DO SUL

Legenda:
- Países iniciadores da Nova Parceria para o Desenvolvimento da África (NEPAD)
- Papel mediador ou mantenedor da paz na resolução de crises
- Fórum IBSA (Índia, Brasil, África do Sul; Cooperação Sul-Sul)

Países destacados no mapa:
- Argélia, Egito, Senegal, Nigéria (NEPAD)
- Costa do Marfim, Sudão, Rep. Dem. Congo, Burundi, Comores (mediação/paz)
- Brasil, Índia, África do Sul (Fórum IBSA)

J.-P. Magnier, 2008 © Armand Colin

O MUNDO VISTO PELA...

ÁFRICA DO SUL

De 1948 a 1991 a África do Sul viveu sob o regime do *apartheid*, ou "desenvolvimento separado". Tratava-se, na verdade, de um sistema de segregação racial no qual a maioria negra não dispunha de direito algum e era dominada pela minoria branca. As relações entre brancos e negros eram proibidas. As independências africanas e o fim da segregação racial nos Estados Unidos, no final dos anos 1960, fizeram desse regime uma anomalia histórica inaceitável; a África do Sul foi isolada e acabou tornando-se um "Estado pária". O país foi excluído do Commonwealth em 1961 e posto sob embargo da ONU a partir de 1977. Entretanto, era considerado pelos Estados Unidos como um aliado contra o comunismo. O endurecimento das sanções norte-americanas, o isolamento sob a influência da opinião pública, e notadamente dos negros, assim como o fim da guerra fria privaram a África do Sul de qualquer perspectiva futura, caso se mantivesse o *apartheid*. Uma parte da minoria branca percebeu isso e negociou com o ANC (Congresso Nacional Africano), que contudo era ilegal e dirigido por Nelson Mandela, então preso. O desmantelamento do *apartheid* efetivou-se, assim, em junho de 1991. O caráter negociado e tranquilo da transição e a chegada ao poder de Nelson Mandela, eleito presidente em 1994, mais desejoso de reconciliação do que de vingança, dariam uma legitimidade moral à África do Sul em escala mundial. Nelson Mandela era provavelmente o político mais respeitado do mundo.

A África do Sul estava enfim em condições de usar seus recursos, notadamente suas imensas riquezas minerais e sua base industrial. A economia sul-africana representa 50% do PIB da África subsaariana, e 90% dos internautas dessa região são sul-africanos. Candidata (assim como a Nigéria) a um assento de membro permanente do Conselho de Segurança da ONU, a África do Sul se vê como líder regional africano e potência mundial emergente. Envolve-se em diferentes operações de mediação e manutenção da paz na África, onde prefeririria não assistir à interferência estratégica de potências exteriores, ainda que possa se beneficiar com a presença delas para a estabilidade do continente, em caso de extrema necessidade. A África do Sul pretende ser um exemplo democrático para o continente, bem como uma locomotiva econômica. Deseja ser uma das principais potências do Sul, defendendo o multilateralismo, o direito dos povos de dispor de si mesmos e a afirmação econômica e estratégica dos países do Sul.

> *Rica e democrática, a África do Sul se pretende uma potência regional e modelo para o Sul*

Liberté • Égalité • Fraternité
RÉPUBLIQUE FRANÇAISE

Esta obra, publicada no âmbito do Ano da França no Brasil e do programa de participação à publicação Carlos Drummond de Andrade, contou com o apoio do Ministério francês das Relações Exteriores.
"França.Br 2009" Ano da França no Brasil/2009 é organizada no Brasil pelo Comissariado geral brasileiro, pelo Ministério da Cultura e pelo Ministério das Relações Exteriores; na França, pelo Comissariado geral francês, pelo Ministério das Relações exteriores e européias, pelo Ministério da Cultura e da Comunicação e por Culturesfrance.

Cet ouvrage, publié dans le cadre de l'Année de la France au Brésil et du Programme d'Aide à la Publication Carlos Drummond de Andrade, bénéficie du soutien du Ministère français des Affaires Etrangères.
« França.Br 2009 » l'Année de la France au Brésil/2009 :
En France : par le Commissariat général français, le Ministère des Affaires étrangères et européennes, le Ministère de la Culture et de la Communication et Culturesfrance.
Au Brésil : par le Commissariat général brésilien, le Ministère de la Culture et le Ministère des Relations Extérieures.

ESTE LIVRO FOI COMPOSTO EM AVENIR CORPO 9,5 POR 12 E IMPRESSO SOBRE PAPEL COUCHÉ 150 g/m² NAS OFICINAS DA NEOBAND GRÁFICA, SÃO BERNARDO DO CAMPO - SP, EM ABRIL DE 2009